孩子看得懂的天工开物

吃喝有学问

大眼蛙童书　编绘

全国百佳图书出版单位
化学工业出版社
·北　京·

图书在版编目（CIP）数据

孩子看得懂的天工开物 / 大眼蛙童书编绘．—北京：化学工业出版社，2021.12（2024.11重印）
ISBN 978-7-122-39931-1

Ⅰ．①孩… Ⅱ．①大… Ⅲ．①农业史 - 中国 - 古代 - 少儿读物②手工业史 - 中国 - 古代 - 少儿读物 Ⅳ．① N092-49

中国版本图书馆 CIP 数据核字（2021）第 280145 号

责任编辑：周天闻　　　　插图绘制：李文诗
责任校对：边　涛　　　　装帧设计：尹琳琳

出版发行：化学工业出版社（北京市东城区青年湖南街 13 号　邮政编码 100011）
印　　装：北京宝隆世纪印刷有限公司
787mm×1092mm　1/16　印张 11¾　　字数 150 千字　2024 年 11 月北京第 1 版第 10 次印刷

购书咨询：010-64518888　　　　售后服务：010-64518899
网　　址：http://www.cip.com.cn
凡购买本书，如有缺损质量问题，本社销售中心负责调换。

定　　价：118.00 元（共四册）　

前 言

如今，国人生活在一个高度发达的时代，享受着现代科技的成果：高铁、智能手机、移动互联网、北斗导航、杂交水稻……这些成果，是在一代代科技工作者不断创造、不断改进技术的基础上实现的。这些成果意味着什么？这就需要我们去回望过去。那么，古人是怎么生活的？古代的能工巧匠都有哪些发明创造呢？他们又怎样进行生产劳动呢？

中国历代的科学家、发明家通过辛勤的探索，使得中国古代科技水平长期位于世界前列。到了明朝后期，中国古代科技发展到了新的高峰，涌现出不少优秀的科学著作。宋应星的《天工开物》就是其中的代表。这本书按照“贵五谷而贱金玉”的理念，分为三编十八篇，详细地介绍了当时中国农业和手工业的先进技术和宝贵经验，被誉为“中国17世纪的工艺百科全书”。

《天工开物》在中国乃至于世界科技史上都具有独特地位。书中介绍的技术，基本上是为了满足当时人们的物质生活需要和精神生活需求。人们生活在地球上，处处离不开衣食住行。穿衣就要种棉花、种桑养蚕、纺麻织布；吃饭就要种粮食，就要掌握粮食的种植方法，米面的加工技能，盐、糖、油、酒等食品原料的生产；住房就要学会烧砖制瓦、煅烧石灰，加工木材等建筑材料；出行就要建造车子和轮船，学会交通工具的制造方法……通过《天工开物》这部讲述古代科技的著作，可以让孩子了解古人的智慧，更好地理解中国古代文明的成果。

这套《孩子看得懂的天工开物》用通俗易懂的语言、精美的手绘图画为孩子呈现古人生产、生活的面貌，让孩子更好地理解中国古代科技成就。国家的强大，离不开科技的强大。从小培养孩子对科学的兴趣，对国家未来的发展、实现中华民族伟大复兴的中国梦都大有裨益。希望这套《孩子看得懂的天工开物》，能帮助孩子了解中国灿烂的文明，树立民族自豪感，培养科学兴趣，传承智慧和创新精神，好好学习，为将来打好基础。

暨南大学文化遗产创意产业研究院院长

陈平

目录

第一章　劳作在当午

第二章　粒粒皆辛苦

第三章　有盐才有味

第四章　甜蜜的生活

第五章　生活要加“油”

第一章

民以食为天。自我国进入农业社会以来，先民们就很重视粮食的生产。如今，面对饭桌上的米饭、馒头，很多小朋友可能会问，这些饭食是怎么来的呢？这一章，我们就从粮食作物的种植开始讲起吧！

插秧、锄禾日当午

我国自进入农业社会后，就非常重视粮食作物的种植。稻是粮食作物之一。我们先来了解一下，古人是如何种植水稻以及怎样进行田间管理的。

中国是一个农业大国。几千年前，在长江、黄河流域的先民初步形成了以农耕为主的生产模式，变成了“种田小能手”，春种秋收，五谷丰登。

《天工开物》所说的“五谷”，指的是麻、菽（shū，指豆类）、麦、稷（jì，指小米或高粱）、黍（shǔ）。实际上，中国栽培水稻的历史比小麦早很多。

在《天工开物》中，详细介绍了水稻的种植方法。

第一，耕田。水稻的种植从翻耕田地开始。上一季的庄稼收割后，旧茬会留在地里。播种前，古人会先翻耕土地，使旧茬埋在地里让它腐烂，以做这一季稻子的肥料。

耕田

牛在前面作为动力，人在后面扶着犁，以掌握方向、速度和犁耕深度。

耖田

耖田主要是在耕田后进一步地弄碎土块，让地平整。

耘田

耘田主要指播种之后、收割之前的田间除草工作。

耔田

耔田指的是向禾苗根部培土。因为水田泥土稀滑，所以一般借用手杖支撑来完成。

第二，耖（chào）地。田地耕过之后，辛勤的古人还会进一步耖地。耖地就是用牲口在前拉着像梳子一样的耖再把地耖一遍，主要目的是让土地更细、更平整。

第三，除草。插秧之后，禾苗逐渐就长起来了，却也会有一些杂草夹杂其间。这时候古人会拄着木棍，用脚把泥培在禾苗根部，并把杂草踩在泥里，让它无法生长，古人称此为“耔”（zǐ）。有一些杂草需要仔细辨认后，用耘爪除掉，古人称此为“耘”（yún）。

水稻爱“喝水”
筒车
是一种靠快速的水流驱动转轮从而使竹筒汲取河水的灌溉工具。
竹筒
水枧
中柱
齿轮
中轴
刮水板
踏板
长槽
龙骨
牛转水车
牛转水车是用牛拉动水车的引水工具。工作时，牛卖力带动中柱，通过中柱齿轮带动中轴齿轮，带动龙骨、刮水板，从而将水引到田中。

禾苗越长越高，这一过程需要大量的水。古人发明了哪些灌溉工具来给田地供水呢？

水稻在农作物里面算最离不开水的，有的稻田灌溉 3 天后就干涸了。这时候如果不下雨，那么就要用灌溉工具来浇地啦！

如果稻田在江、河边上，这时候筒车就可以派上用场了。先要修筑堤坝来抬高江河的水位，从而让水流在经过筒车的下方时，可以推动筒车水轮转动，并将水引入筒内。就这样，一筒一筒的水就会倒进水槽，再流到稻田里。只要有水流动，筒车白天和夜晚都不会停，直到把稻田灌满水，一天浇灌 100 亩也不是问题。

如果稻田邻近湖泊或池塘这样的地方，古人也有办法：有的用牛拉动转盘，带动水车引水；有的是几个人一起踩踏水车，引水灌溉。如果稻田在小水塘或小水沟边上，就可以用小个头的拔车，一个人用双手摇动手柄来引水。

用牛拉动的水车，稍大的车身有六七米长，稍小的也有 3 米多长。水车内用龙骨连接并安装上一块块刮水板，笼住一格一格的水逆行而上。这样的水车大约一天能灌溉 10 亩稻田。人工脚踏的水车，一台车一天也就能灌溉 5 亩。至于通过拔车，一天最多灌溉 2 亩。

还有一些地方用桔槔（jié gāo）或者辘轳取水。桔槔也称作“吊杆”，它是利用杠杆原理从井里取水。辘轳是在井上树立支架，上面装上辘轳头，缠上绳索摇转取水的。这两种方法劳神费力，效率很低。

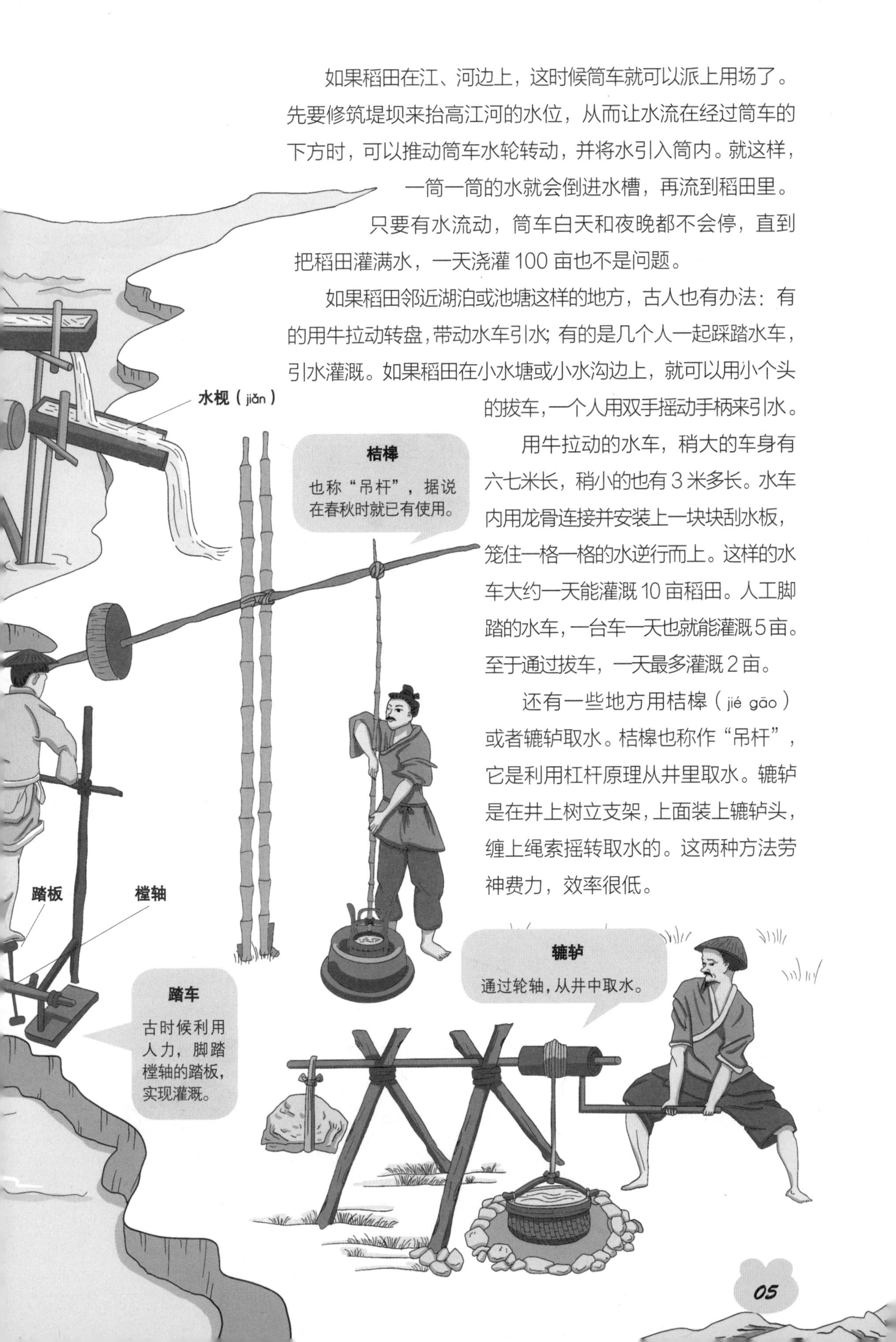

水枧（jiǎn）
桔槔
也称“吊杆”，据说在春秋时就已有使用。
踏板
榿轴
踏车
古时候利用人力，脚踏榿轴的踏板，实现灌溉。
辘轳
通过轮轴，从井中取水。

麦子是怎么种出来的

南方种水稻，北方种麦子，麦子和水稻的种植过程有哪些相同和不同呢？

牛在前面拉，人在后扶着耧车，边走边摇，种子就落到田里了。

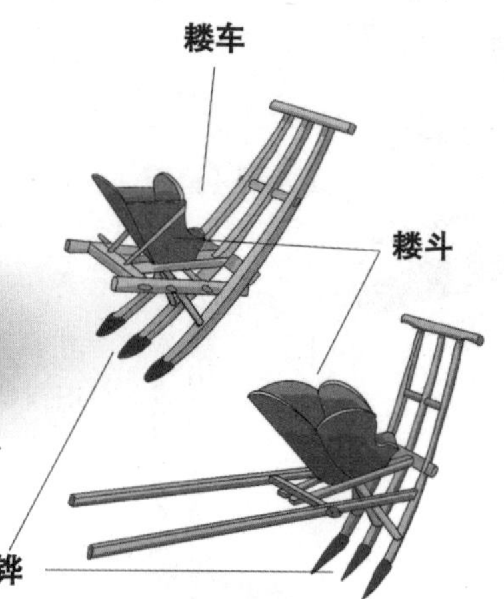

我们吃的面粉，是由小麦磨成的。麦子的种类有很多，除了小麦和用来酿酒或者制作饮料的大麦，还有燕麦、青稞（元麦）等。

在我国，小麦主要种植在北方。秋天播种，经历一个寒冷的冬天后，第二年初夏时分收割。小麦在粮食作物中的地位仅次于水稻，是我国北方地区的主要农作物。

小麦的种植与水稻不一样，虽然都需要翻土、整地和除草，但是播种时需要用到耧（lóu）车这种农具了。当牛牵引着耧车前进时，种子就从耧车脚的孔洞

石磙压土
播种之后，只靠泥土覆盖还不够，需要用石磙把土压实，这样才能让种子更好地发芽、生长。

南方种麦
南方因为土壤较为松软，雨水充沛，所以用撒播方式播种。
耨地
耨类似于现在的锄头，用于锄地或除掉矮小瘦弱的秧苗。

中滑落到了犁过的田沟内。想要种子撒得稀，就把牛赶得快一点；想得撒得密，就让牛慢点拉。古人真聪明呀！

播完种后，由于北方干旱，要保证种子被泥土覆盖严实，就要用磙（gǔn）子把土压紧。这样种子能更好地吸收水分和营养，顺利发芽、生长。

在我国南方，也有种植麦子的，不过一般是人工一点一点撒播后，再用脚踩踏从而压实泥土，一般不需要用到磙子，估计这跟南方土壤的质地有关。

麦子发芽后长到一定阶段，农民伯伯会用类似于今天锄头的耨（nòu）除草，还可以顺便除掉瘦弱的幼苗。

认识一下杂粮作物

古代的“五谷”指麻、菽、麦、稷、黍。现在除了小麦，其他几种都是杂粮作物了，那它们的习性又有哪些呢？

稷、黍、粱、粟

稷与黍是同一类农作物，而粱与粟（sù）又属于另一类农作物。黍有黏黍与不黏黍的区分，黏黍可以用来酿酒；而稷都是不黏的。粱（不是高粱）和粟统称黄米。

在这几种作物中，稷成熟最早，常被用来祭祀，所以被奉为谷神。它与土神一起统称社稷，用来借指国家。

归园田居·其三
晋·陶渊明
种豆南山下，草盛豆苗稀。
晨兴理荒秽，带月荷锄归。
道狭草木长，夕露沾我衣。
衣沾不足惜，但使愿无违。

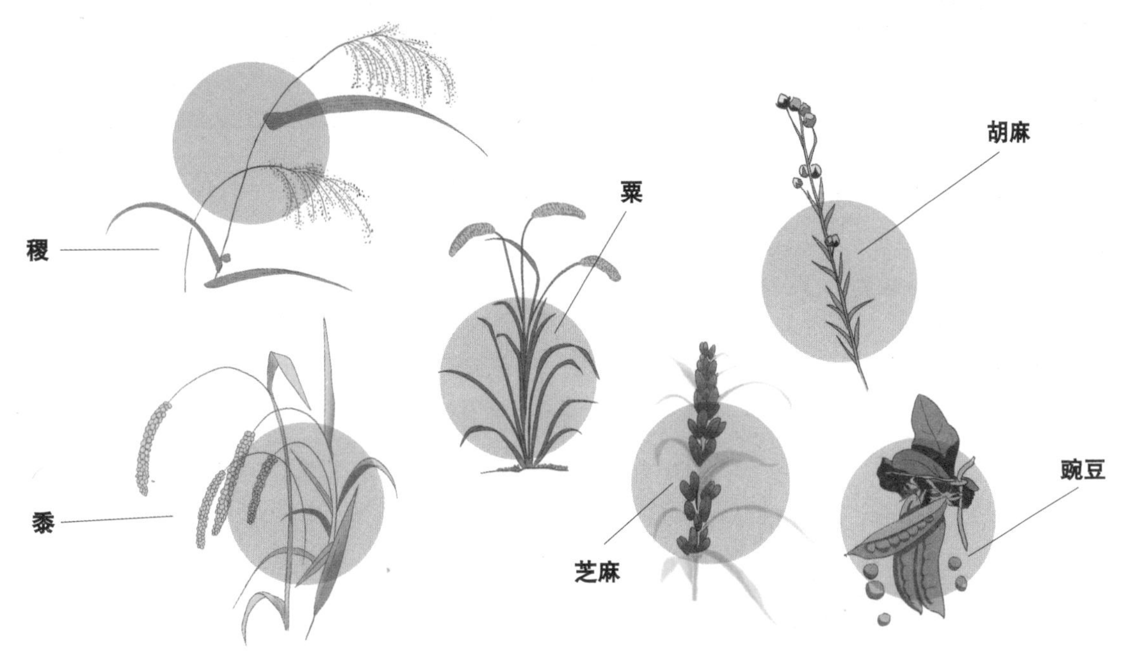

芝麻开门

麻类植物中，既可以当粮食，又可以榨油的，只有大麻和胡麻两种。我们今天用来榨油调味的芝麻，在古代称为胡麻，据说它是西汉时从西域的大宛（yuān）国引进的。

种植芝麻时，先要把土块打碎并清除杂草，然后用草木灰掺水和芝麻种子拌匀后撒播。芝麻的播种时间较长，最早在三月，最晚的可以到大暑时节（7 月下旬）。

种豆得豆

大豆有许多种，最常见的为黄色和黑色。我们常吃的豆腐、豆豉、豆酱，都是用大豆做成的。

绿豆又圆又小，把它磨成粉后，可以做成淀粉、粉皮、粉条。绿豆也可以用来煮粥。

豌豆比绿豆大，上有黑色斑点，可以用来做豌豆包。

其他豆类还有蚕豆、小豆、豇豆、刀豆等。

第二章

粒粒皆辛苦

辛勤劳作之后，到了收获粮食的时节。为了得到可以食用的米和面等，古人发明了一系列工具，对谷物粗糙的颖果进行加工。这一章，就让我们了解一下这些工具。

收稻谷了

稻谷成熟之后，需要进行一系列的操作，才能得到可以吃的大米。我们先从水稻的收割、脱粒开始讲起。

稻子成熟后，就可以收割了。收割后的稻子，要先脱粒，也就是使稻粒从稻秆上脱落下来。

如果遇到阴雨天，田间的土地很湿，稻子也很湿，人们就会在田间直接操作，此时必须用木桶来接住脱落的稻粒。具体的方法是，用手拿着稻谷秸秆底部，将它的头部在木桶边缘摔打，这样稻谷就会掉到桶里了。

在场上打稻谷
在打谷场上打稻谷，可以直接在石板或者用木头制作的掼（guàn）床上进行。到最后只要将四处飞溅的谷粒收拢即可。

用牛拉石碾脱粒
这种方法比人工脱粒省很多力，但这样打下来的稻粒不能留作来年的种子。因为在碾磨过程中大部分稻粒的胚芽已经损坏了。
石碾

如果遇到干燥的天气，就可以将收割后的稻谷拉到稻场，在石板上摔打脱粒。也可以让牛拉着石碾在稻场上给稻谷脱粒，这种办法比人工脱粒能节省六七成的力气，但是打下来的稻谷因为籽粒有损伤，是不适合做种子的。

南方种植水稻比较多的人家，光靠人力是不够的，所以大部分稻谷是用牛拉石碾完成脱粒的。

晾晒稻谷
稻谷熟透了之后，经过晾晒更容易脱粒。因此在打稻谷之前一般先进行晾晒。
在稻田里打稻谷
南方地区经常是阴雨天，晾晒不太方便时，就在田间直接打稻谷，不过要用木桶接住谷粒，否则谷粒掉到稻田里就无法收拢了。

给稻谷“脱衣服”

稻谷脱粒后，其籽实还是包藏在金黄色的谷壳里，如何将这些谷壳去掉呢？看看古人发明的工具吧！

脱粒后的稻谷还是不能直接食用，因为它还有一层厚厚的硬壳。这时，要用砻（lóng）去掉谷壳。

砻分两种，一种是用木头做成的，叫木砻；一种是用竹筐填土做成的，叫土砻。

木砻
木砻用上下两块带齿的扁圆木摩擦达到脱壳目的。
土砻
土砻的工作原理跟木砻差不多，不过它的磨盘是用竹筐填土做成的。
风车
风车又称扬谷机，利用手摇风扇分开谷粒和谷糠。
筛谷

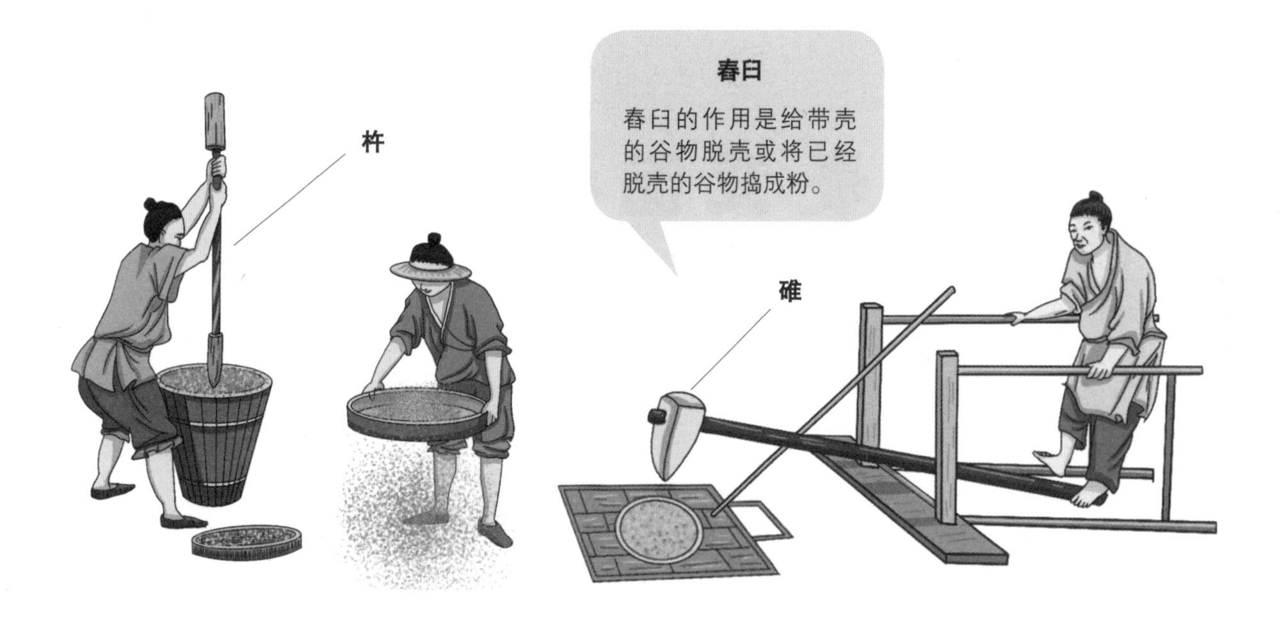

杵
舂臼
舂臼的作用是给带壳的谷物脱壳或将已经脱壳的谷物捣成粉。
碓

这两种工具都可以将稻谷的硬壳去掉。当稻谷不太干燥时，往往会被土砻磨碎。当稻谷很多时，要用木砻加工。

稻谷去掉硬壳后，还要用风车吹掉糠秕，或者用筛子筛掉糠秕。

这时就剩下最后一步了：舂米。舂米也有两种工具，若是稻谷很多，就用脚踏一种像跷跷板一样的东西，利用杠杆原理用重石舂米；若是稻谷比较少，那么一个人拿一根木杵就可以直接捣击舂米。

在一些山区靠近溪流边的地方，古人发明了水碓（duì）来舂米。这种方法省时省力，根据水流大小，可以设置几个到十几个臼呢！

水碓
水碓利用水流作动力，可以有多个舂臼（chōng jiù），还能不分昼夜地工作。

小麦变面粉

小麦收获之后，要想得到洁白的面粉，还需要脱粒和磨面。

现在我们吃的包子、馒头，以及蛋糕等食物都离不开面粉，那么面粉是怎么从小麦加工而来的呢？让我们了解一下古人磨面的过程吧！

卧式水轮磨
这种工具，主要是利用水流的力量，推动水轮转动，以此带动磨盘磨面。
人推磨
主轴
牛拉磨
水轮

用面罗筛面

麦子磨好之后，必须不断筛才能去粗取精。图中描绘的这种半机械化的农具叫脚打罗，使用这种农具，可以大大提高筛面的效率。

知识链接

磨的发展历程

在古代，磨是很重要的农具之一。早在 8000 年前的裴李岗文化、磁山文化时期，就有了精致的石磨盘。到了汉代，圆转磨已得到了广泛应用。

首先是淘洗，就是给扬过的麦子“洗个澡”。然后晾干，接下来就可以入磨了。每石好的小麦（大约 90 公斤）可以磨出来 60 公斤面粉，出粉率还挺高呢。但是差的小麦就产出不那么多了，可能要少三分之一。

磨的大小没有一定的规格，有人推的磨，有牲畜拉的磨，还有水磨。一般南方更多使用水磨，北方用牛、驴拉磨或者人工推磨。

麦子磨成粉之后，必须反复筛。这时候使用的工具叫面罗。它的底部用丝绢制成，这样能保证精细的面粉颗粒通过，不够细的面粉就留在上面了。

南方一般习惯把麸（fū）皮和面粉磨在一起，北方则要把它们分开。所以北方的面粉更加雪白一些，但是出粉率要比南方的低百分之二十。

小米、芝麻、豆子“大变身”

小米、芝麻、豆子是重要的粮食种类，为了收获它们，古人也花费了不少心思。想象一下吧，颗粒那么小的小米和芝麻，要怎样才能得到呢？

借助风力扬谷

借助风力扬场，目的就是将饱满的谷粒和干瘪的谷粒分离开来。这项工作看似简单，实际上要具备两个条件。一是必须有风；二是扬场时要注意把握好簸箕的角度，以便更好地借助风力。

谷子收割后，先扬净得到实粒，再舂后方可得到小米。扬净工序除借助风力、风扇车两种办法外，还有一种簸箕扬谷法。簸箕是用篾（miè）条编成的半圆形农具。用簸箕扬谷轻的谷子从前面飘落，重的留在后面，那就是颗粒饱满的实粒了。小米磨好后，得到小米粉。

芝麻收割后，先在太阳下晒干，扎成小把，然后农夫用双手各拿一把相互拍打，芝麻壳就会裂开，芝麻粒也就脱落下来。因为芝麻颗粒较小，所以下面需要用席子接住。芝麻筛和小的米筛形状相同，但是筛眼比米筛要密得多。筛完后，角屑和碎叶片等杂物被分离出去，就得到比较干净的芝麻了。

豆类收获后，放在晒场上晾干。如果量少的话，就需要用连枷这种农具来脱粒了。连枷用竹竿或木杆作柄，柄的前端装上可以旋转的一根或数根木棒，或一排竹条。打豆时，需手执枷柄不断甩打。豆子打落后，用风车吹去豆荚叶，再筛过后，颗粒饱满的豆粒就可以入仓了。

水碾磨米
这种卧式水轮水碾，靠水流带动完成工作。
石碾磨米
石碾很重，主
要靠畜力推动
或拉动。
打连枷
人们举起木杆时，木杆前端连接的枷板可以前后翻转活
动，从而将干燥的豆荚皮壳打破，使豆粒散落出来。

第三章

作为重要的调味品，盐在生活中起着不可或缺的作用。食盐的种类大体上分为海盐、池盐、井盐、土盐、崖盐等。这些盐大多是天然形成的，而且需要人工提炼。这一章，就让我们了解古人是如何制盐的吧！

靠海有海盐

先民们早就知道，海水中含有盐分。从海水中提取的海盐，是古人食盐的主要来源。那么，古人提取海盐主要分哪几步呢？

我们的生活离不开盐。在古代，无论是在沿海地区，还是在边疆荒漠地区，人们都会因地制宜，想办法提取食盐。

在靠海的地区，古人从海水中提取海盐。这主要通过以下几个步骤。

布灰种盐

布灰种盐，是利用海水提取食盐的一种方法。提取海盐，要讲究天时和地利。天时就是必须在有太阳的大晴天；地利就是要选取地势比较高、海浪冲不到的地方。

煎炼海盐

煎盐一般都是用很大的铁锅，下面有很多灶眼，可以同时往里添木柴，从而快速烧火升温。

盐的存储

盐的特点是遇水溶解、见风流卤，所以只要将它与水隔离，挡住风口就可以了。有点湿气也不用担心，在盐仓下面铺上约 10 厘米厚的茅草，四周再用砖围起来就可以了。

第一步是“布灰种盐”。怎么种呢？如果预计第二天不下雨，就在海潮冲不到的岸边高地上，提前撒上三四厘米厚的草木灰，并压平、压匀。第二天早晨，这些灰层中就“长”出了盐。等白天天晴时，把这些灰和盐扫起来，就可以拿去淋洗和提炼了。

第二步是“挖坑滤盐”。挖两个深浅不一的坑，浅坑边上留有一个出水口，便于盐水流淌进深坑。在浅坑上面铺上苇席，四周垫高。将扫起来的盐料铺在苇席上，并用海水冲洗苇席，过滤下来的盐卤水就会流入深坑中，可以用来提炼结晶盐。

挖坑滤盐

从盐田取回来的盐料，有很多沙土和灰，先挖坑再过滤可以得到盐卤水。

浅坑

深坑

第三步是“煎炼海盐”。煎炼盐卤水要用一个很大的锅，下面有多个灶眼，可以同时点柴火加温，待水分蒸发后，留下的固体结晶物就是盐。

盐炼出来后，要用稻草铺垫，周围用砖围护起来，并把砖的缝隙用泥封堵上，上面再盖上厚厚的茅草，这样就可以长久储存海盐了。

咸水湖里的盐

咸水湖也出产食盐，这种盐叫作池盐，是食盐的重要来源。它的获取过程与海盐相比，有哪些相同点和不同点呢？

在远离海边的地方，人们发现，有的湖水味道发咸，其中含有盐分。从中可以提取食盐。

在宋应星生活的明代，我国有两个重要的池盐产地，一个是宁夏的盐场，另一个是山西

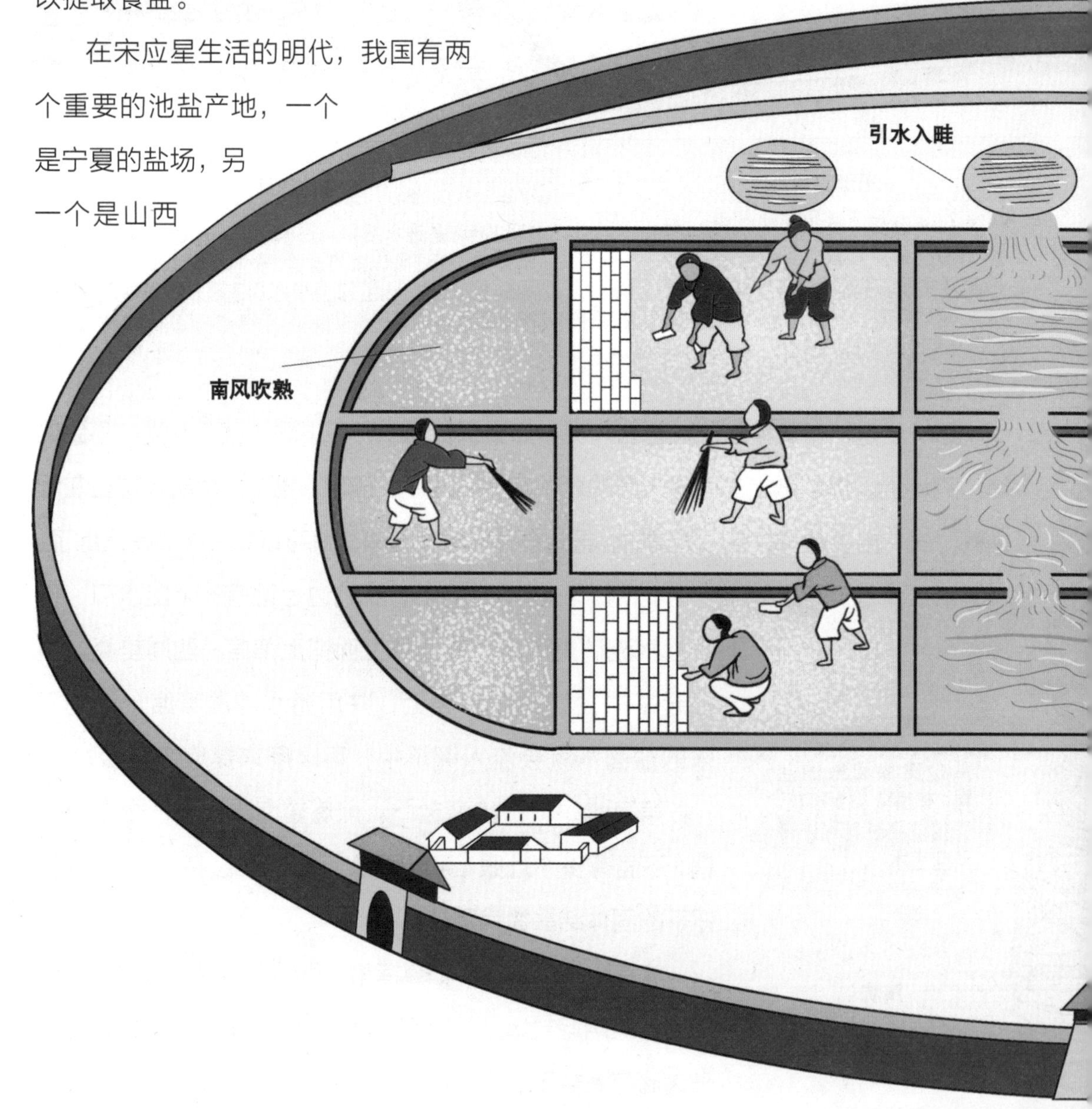

解（xiè）池盐场。到了清代，被列入朝廷管理的盐场有十三处。

怎么制作池盐呢？先挖一个深池，每年一开春，就将咸水湖中的水引到这个池里，再在池边挖一条条浅沟，把池中的湖水引入沟中。等到夏秋之交，南风劲吹，浅沟里的水一晚上就能凝结成盐。

与海盐相比，池盐颗粒较大，也被叫作“大盐”。

大盐可以直接食用。

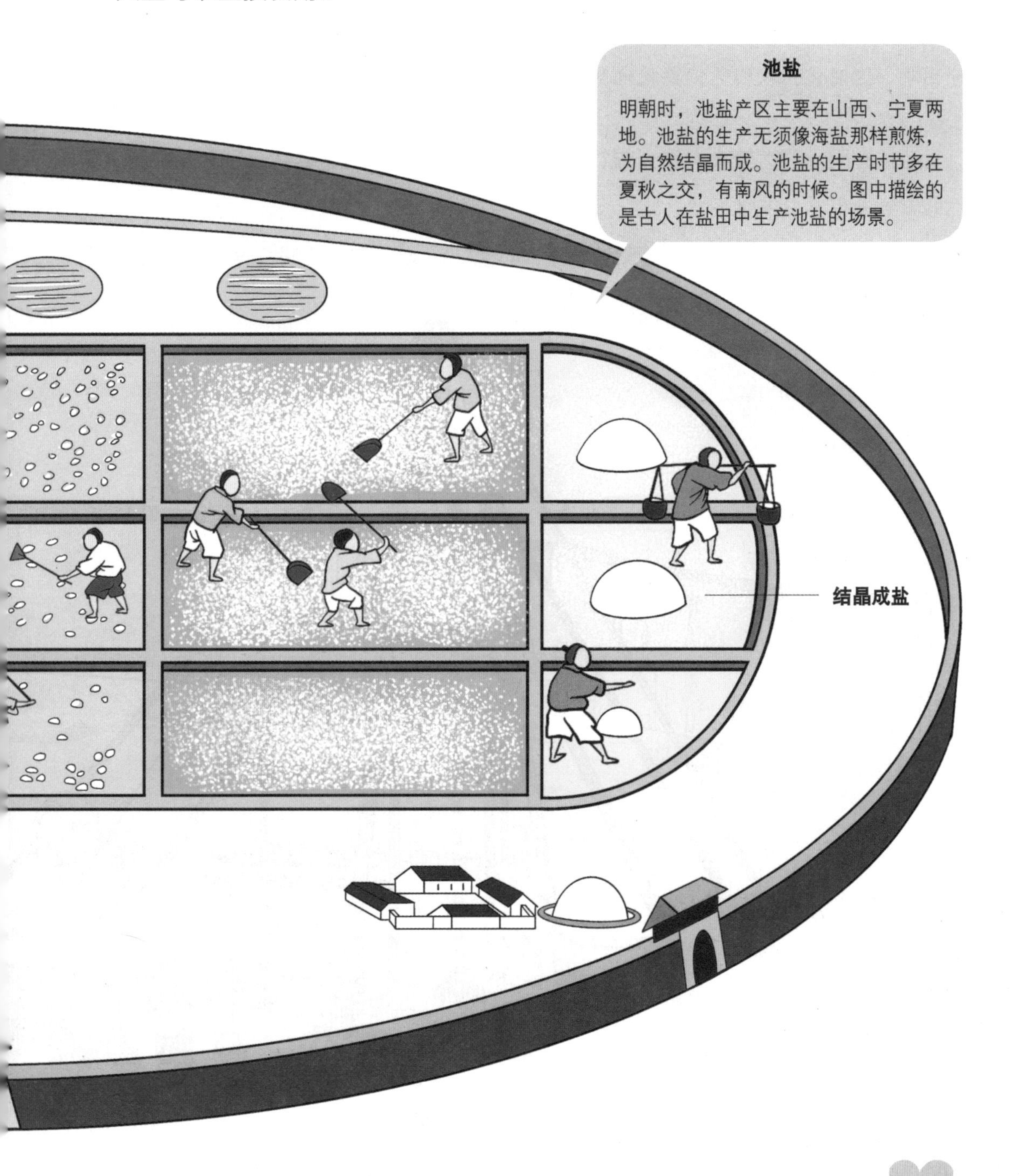

池盐
明朝时，池盐产区主要在山西、宁夏两地。池盐的生产无须像海盐那样煎炼，为自然结晶而成。池盐的生产时节多在夏秋之交，有南风的时候。图中描绘的是古人在盐田中生产池盐的场景。
结晶成盐

挖井来取盐

在古代，四川、云南等地区因为山高水远、交通不便，使得海盐和池盐的运输十分困难。这时候，人们就需要就地取材：挖井来取盐。

盐井的口一般比较小，够一根竹竿上下打水就行了，但是盐井一定要足够深，不然取不到含有盐分的地下水。

怎么挖这样的深井呢？古人用竹竿绑定铁锥，一点一点往下凿。当井越挖越深时，

从井里打卤水
用牛力拉动转盘，带动辘轳转动，通过绳子将吊杆拉起，从井里提取出盐卤水。
辘轳
吊杆

竹竿也要一段一段地接长。凿的时候要用力将竹竿拉高，然后松手使铁锥猛力下凿，就这样一点一点挖深。

井挖好后，就可以生产井盐了。这时候还是依靠竹竿。古人把一节一节带有阀门的汲卤竹筒放进盐井，让牛拉动转盘将汲卤竹筒提上来。将盐卤水倒进锅里煎炼，就可以得到井盐了。

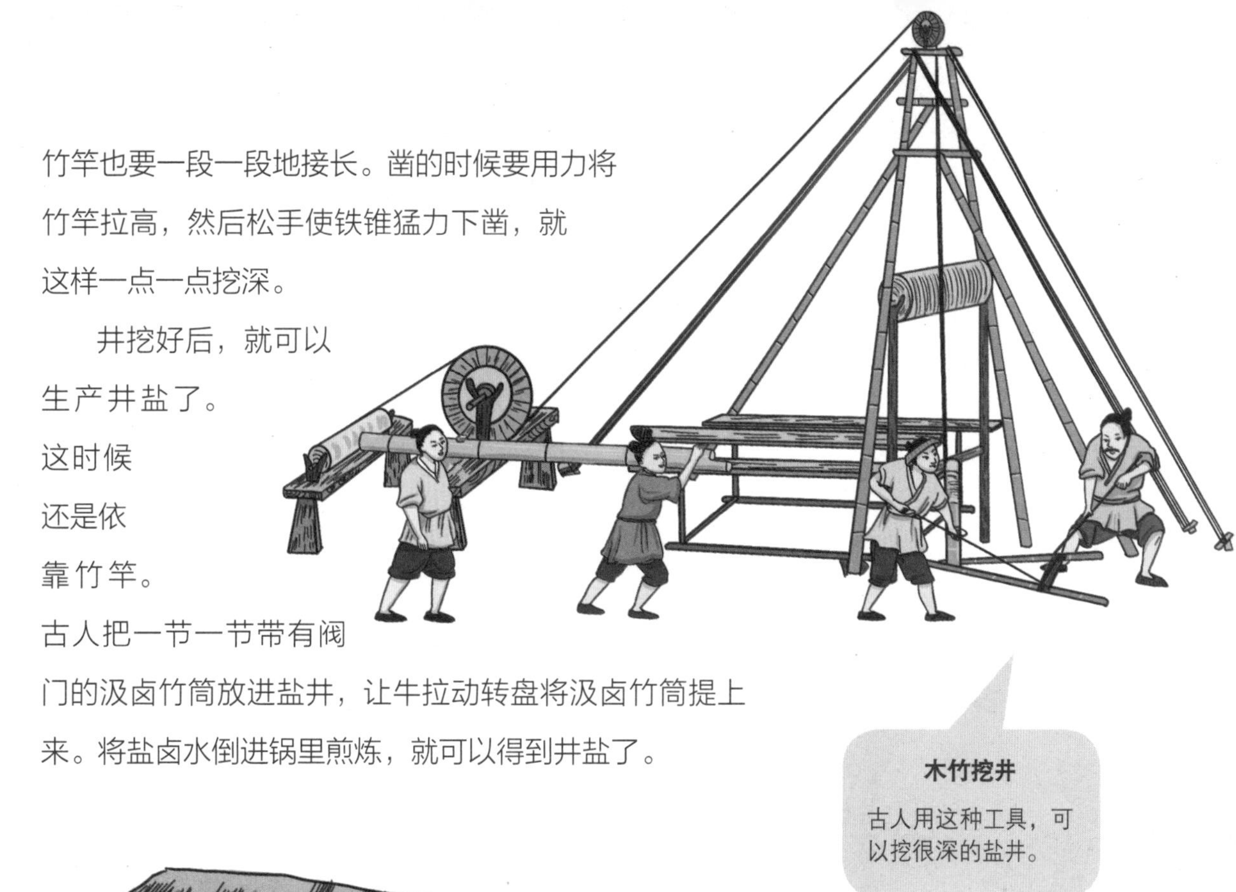

木竹挖井
古人用这种工具，可以挖很深的盐井。

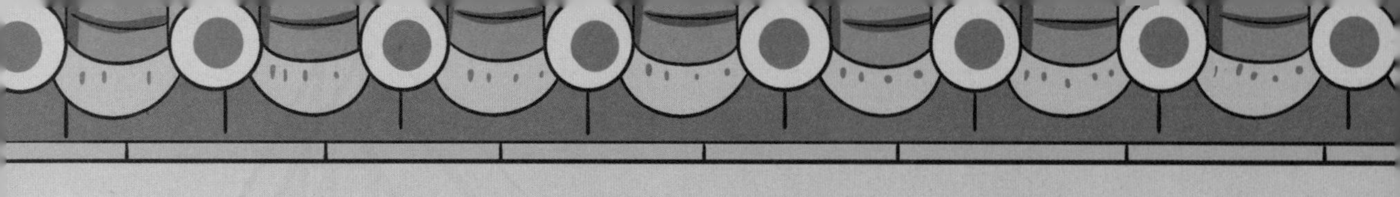

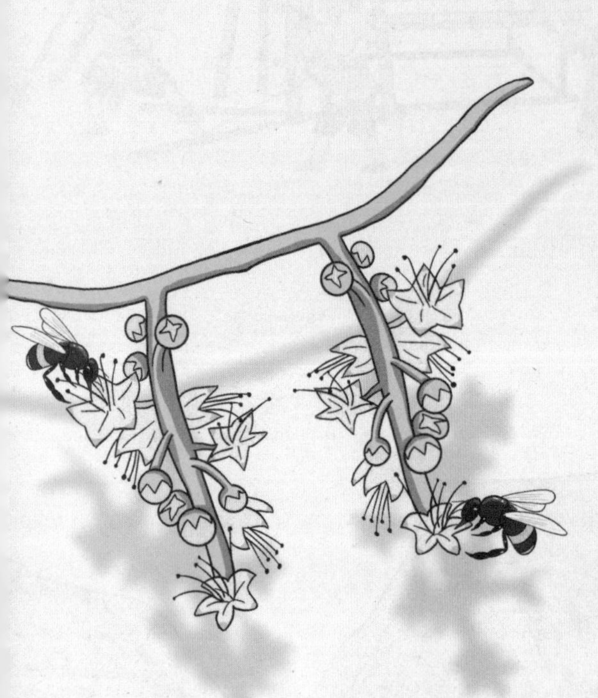

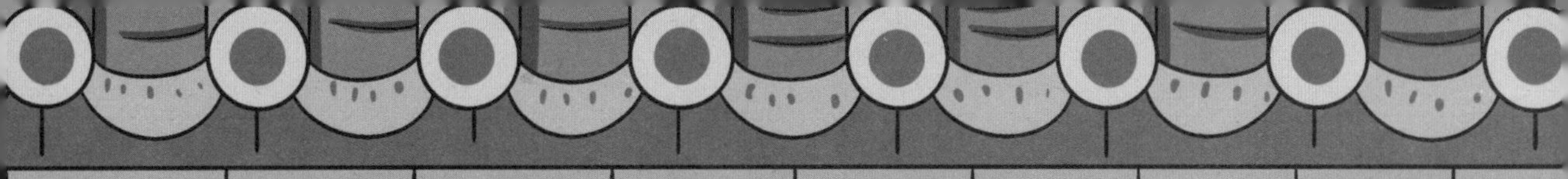

第四章

在古代，作为“五味”之一的甜味，主要源自于甘蔗，也有一部分来自蜂蜜和其他植物。那么，古人是怎么把这些甜味变成能吃的糖呢？这一章，让我们了解一下古代的制糖工艺。

红糖是这么来的

红糖是用甘蔗汁熬制而成的。从甘蔗到红糖，古人使用了哪些工具呢？

古人非常重视食物味道的调和。而作为甜味主要来源的糖，是人们生活中所离不开的。

古人食用的糖，很大一部分来自甘蔗，还有一些是从蜂蜜和其他植物中提炼出来的。甘蔗大致分两种，一种叫果蔗，形状像竹子，比较粗大，可以直接拿来吃，却不适合制糖。还有一种叫糖蔗，比较细小，生吃容易刺破唇舌，所以常被用来制糖。生活中常见的糖有红糖、白糖和冰糖等品种。

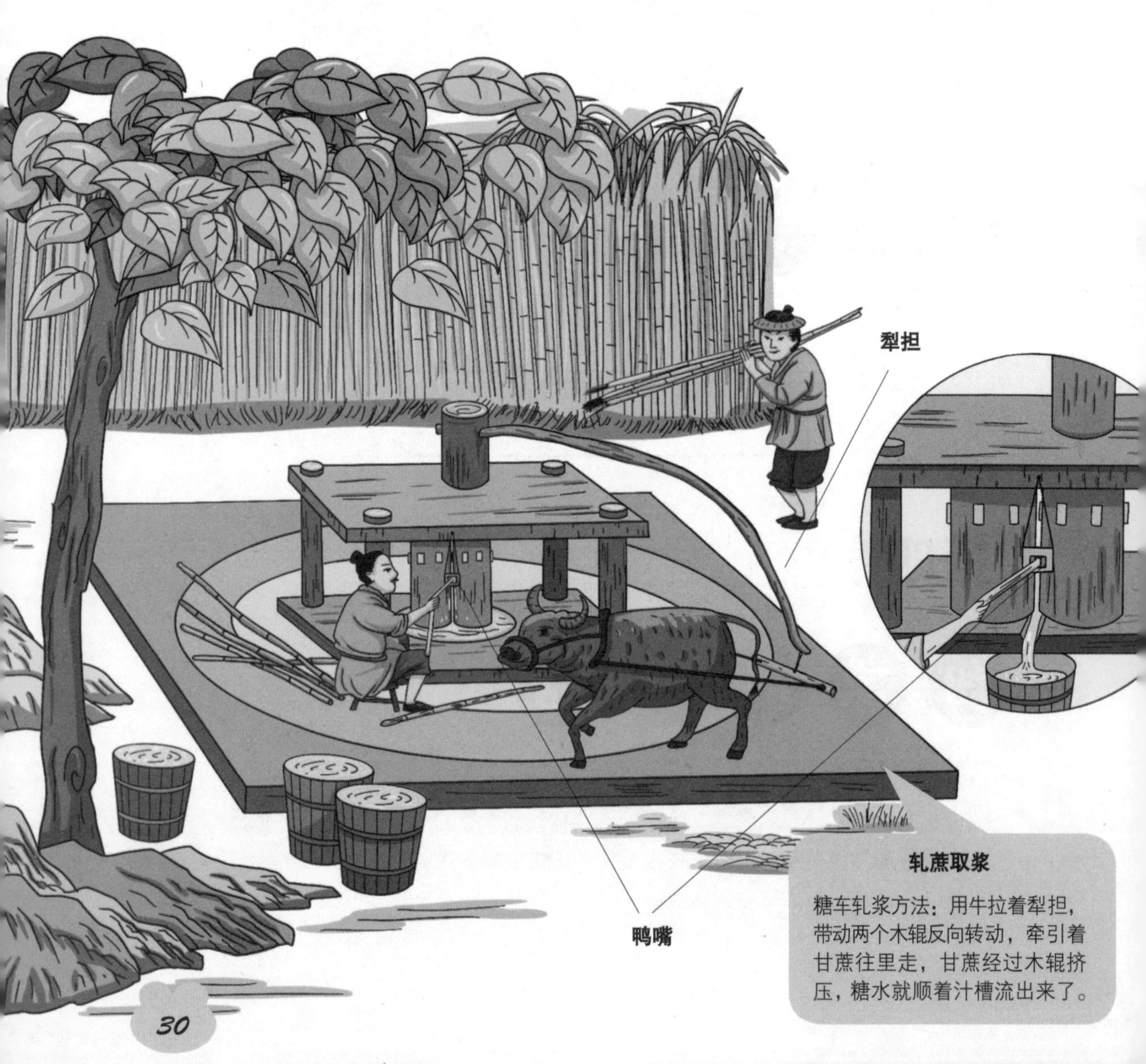

犁担
鸭嘴
轧蔗取浆
糖车轧浆方法：用牛拉着犁担，带动两个木辊反向转动，牵引着甘蔗往里走，甘蔗经过木辊挤压，糖水就顺着汁槽流出来了。

熬制糖浆
熬糖的锅按“品”字形排列，逐步熬制蔗汁，最后得到浓浓的糖浆。

下面来看一下，聪明的古人是怎么将甘蔗中的糖分变成糖的。

造糖要用到“糖车”。这种糖车很笨重。为了能稳定地工作，糖车的一部分被埋在地下。一般用牛拉着犁担，带动一个大木辊（gǔn）转动，通过木辊上的齿，与另一个木辊啮合形成挤压的缝，然后把甘蔗插进鸭嘴中去挤压，甘蔗汁就流出来了。一般要挤压两到三次，才能把甘蔗里的甘蔗汁全部挤压出来。

将挤压出来的甘蔗汁掺进一部分石灰，再拿到呈“品”字形摆放的三口大锅前。先把浓甘蔗汁集中在一口锅中，然后把稀甘蔗汁逐步加到另外两口锅中，直到水分蒸发完，锅里的蔗汁就会变成浓浓的糖浆了。

将熬制好的糖浆倒进小锅中，顺着一个方向搅动，慢慢地，糖浆就析出晶体（砂糖）了。冷却后，红糖砖就做成了。把红糖砖进行磨制就可以得到红糖了。

白糖如何洗白白

白糖是在红糖的基础上，通过进一步过滤、脱色制作而成的。《天工开物》中提到了“黄泥脱色法”，我们来了解一下吧！

如何给黄黑色的糖浆脱色呢？前面我们讲了红糖的制作方法，接下来再介绍一下白糖的制作方法。

白糖的制作
用甘蔗汁熬成的糖浆是黄黑色的，经过瓦溜过滤后，再用黄泥水冲淋，白糖就留在瓦溜里面了。
瓦溜
黄泥水

先将黏稠的糖浆装在桶里，待糖浆凝固成膏状后再将其倒进漏斗状的瓦溜里。瓦溜上宽下尖，底部留有一个小孔（要用稻草塞住）。瓦溜下面还要放置一口大缸。

两三天后，糖膏凝固，将堵住小孔的稻草拿掉，再从上面往下淋浇黄泥水。黑色的糖浆会逐渐滴落到下面的缸里，留在瓦溜里的就是白糖了。

瓦溜最上面的一层白糖大约有 15 厘米厚，非常洁白，古人给它起了个名字叫“西洋糖”。

挑选最好的白糖加热熔化，再用鸡蛋清澄清并去掉浮渣。然后将新鲜的青竹劈成一片片的小篾片，撒到糖液中，一夜之后，篾片上就能凝结出许多成块的冰糖了。

又答寄糖霜颂
宋·黄庭坚
远寄蔗霜知有味，胜于崔浩水精盐。
正宗扫地从谁说，我舌犹能及鼻尖。
冰糖的制作
冰糖的制作过程其实就是一个提纯过程。所以冰糖比白糖更甜。

小蜜蜂也来帮我们

很多小朋友喜欢吃的蜂蜜，古人很早就发现和采集了。古人制作蜂蜜的流程跟现在是一样的吗？

除了用甘蔗制糖之外，聪明的古人还学会让小蜜蜂来帮忙造蜂蜜。

刚开始，古人主要是采集野生蜂蜜。但野生的蜂蜜产量有限，采集过程也很危险，因此古人就开始学着自己养蜜蜂以获取蜂蜜了。

要想获得蜂蜜，首先要有蜜蜂酿蜜用的蜜脾（蜜蜂营造的酿蜜的巢房）。蜜脾的样子，就像竖直向上排列整齐的鬃（zōng）毛一般。蜜蜂吸食了花蜜后，会一点一滴吐到蜜脾上积累成蜂蜜。

切割蜜脾采集蜂蜜的时候，会有一些幼蜂和蜂蛹死在里面，可能还有其他一些杂质。这时要经过过滤，才能得到较为纯净的蜂蜜。

制造蜂蜜

将蜜蜂营造的蜜脾切割下来后，要进行过滤，才能得到较为纯净的蜂蜜。

蜜蜂采蜜

蜜蜂先吸食花蜜和花粉，然后将花蜜储存在自身的蜜囊中，再带回蜂巢。

获取野生蜂蜜

野生蜂房一般建在高处。要想得到蜂蜜，需借助长竿，将它们刺破，这样蜂蜜就会流出来了。

知识链接

蜂蜜的功效与作用

蜂蜜的营养价值非常高，自古以来就是一种非常受欢迎的营养品。很多小朋友爱吃甜食，但是甜食吃多了容易出现龋（qǔ）齿（蛀牙）。蜂蜜中含有特殊物质，可以预防牙菌斑的产生，因此可以有效预防龋齿。另外，经常喝蜂蜜，还可以缓解咽喉痛、便秘、睡眠不好等症状。

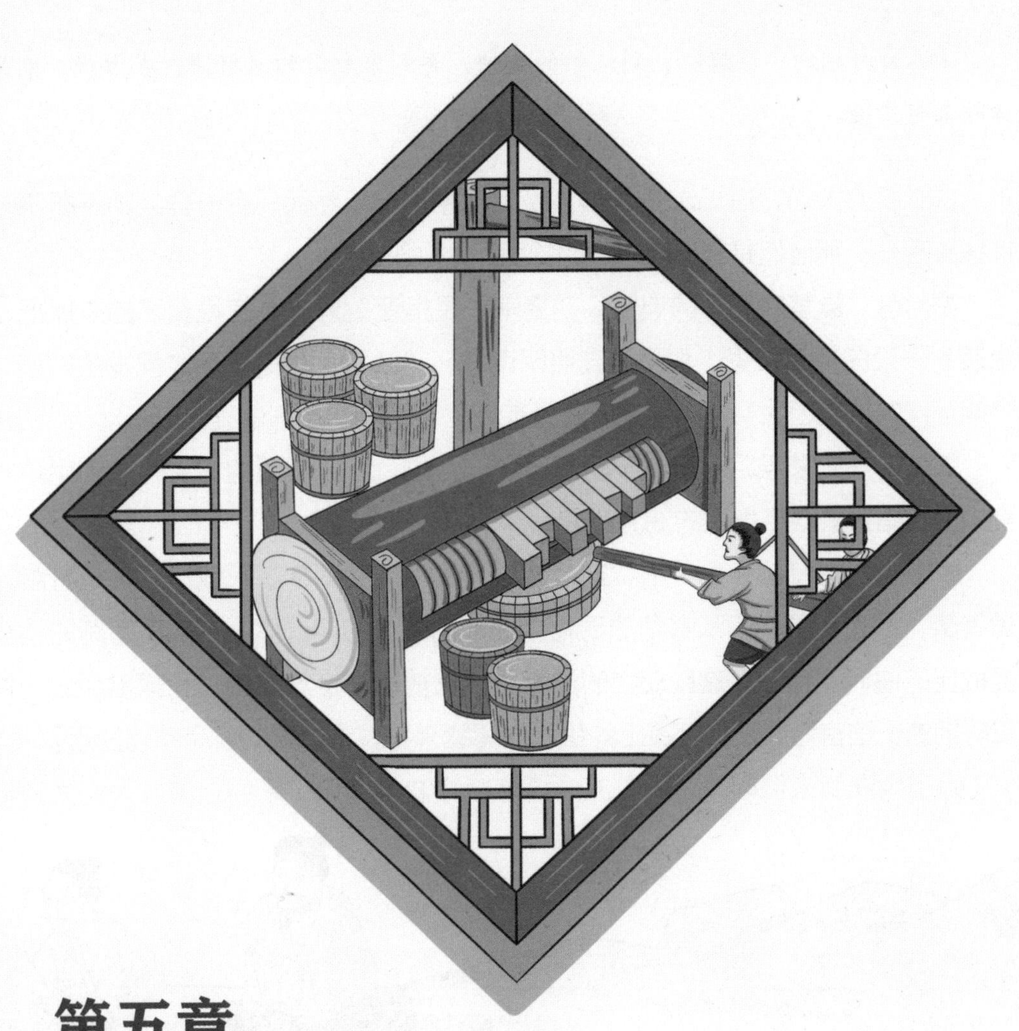

第五章

生活要加"油"

在电灯发明之前，每到夜幕降临，蜡烛和油灯就成了人们的“光明使者”，为人们照亮黑夜。在加工食物时，也离不开食用油。造蜡烛用的油和油灯中的油，都是来源于草木果实中的油脂，或者动物身上的油脂。这些油脂不会自己流出来，那么，古人是如何获得油脂的呢？这一章，让我们了解一下古代的榨油技法。

油的主要用途

从远古时期的“烧烤”，到汉朝的蜡烛，再到宋朝时的菜籽油，在古代，油的用途越来越广泛。

古时候的人们，白天出去劳作，晚上回家休息。然而，有一些人却不得不在深夜埋头苦干，那他们是靠什么来照明的呢？

古代有“囊萤映雪”的典故。“囊萤”是指晋朝时候，家境贫寒的车胤把萤火虫装到一只白绢口袋里，利用萤光照明读书；“映雪”也是晋朝时候发生的事，有个叫孙康的人，因为买不起灯油，于是他在冬天利用雪反射的光亮读书。

单靠这些光来照明，显然不能满足全部需求，所以聪明的古人开始利用草木果实中的油脂或者动物身上的油脂炼油。

动物油在古代被称为“脂”或“膏”。据《说文解字》记载：“戴角者脂，无角者膏。”也就是说，从有角的动物中提取出来油的叫“脂”，从没有角的动物中提取出的油叫“膏”。这些动物的油脂，经常被用来点灯照明。我国出土过一件西汉时期的长信宫灯，从其灯罩上的蜡状残留物来看，当时烧的就是动物油脂。

除了用油脂来照明外，古人还会提炼植物油来食用。宋朝之前，人们大多食用

芝麻油。宋代之后，随着炼油技术的提高，人们还食用菜籽油、杏仁油、大豆油等。

公元前3世纪左右，我国就出现了用蜜蜡制成的蜡烛，但并不普及，一般的老百姓用不起。

古法榨油

《天工开物》中提到，草木的果实中含有油脂，但是它不会自己流出来，必须要借助水火、木石，才能使其流出，这就是古代的榨油技法。

古代榨油，首先要准备好工具。这种工具，一般由樟木，或者檀木、杞木制成。木头一定要粗大，必须要一个成年人双手合抱那么粗才可以。

制作时，先将木头中间掏空，用来存放需要压榨的油料。然后在中空部分下面再挖一个平槽和小孔槽，便于榨出的油流到下面的接油器具中。最后，需要一根撞木，

蒸炒油籽
榨油前要将油籽炒熟或者蒸熟，再趁热将油料包裹成饼。
捆油饼

撞木榨油

将包裹好的油饼整齐地摆到榨具里，然后用撞木撞击木楔，挤压油饼，油就流出来了。

去撞击油料间的木楔，把油挤压出来。

木制榨具准备好后，就要进行榨油工序了。

首先将油料作物去除杂质，放在锅里用文火慢炒，炒出香气后，再把油料作物取出碾碎蒸熟，然后用麦秆把它们裹成油饼，并用铁箍（gū）或竹篾把油饼包扎好。

接下来，把油饼放到先前准备好的榨具里。然后就可以用撞木撞击油料中的木楔，通过挤压将油“榨”出来了。

古代“文化人”的日常斗嘴

王秀才

乡里人都说咱俩懂得多，不如你我二人切磋一番，看看谁更胜一筹？

比就比，谁怕谁！你先出题。

刘秀才

王秀才

人们所说的“五谷”指的是什么？

这个我熟！“五谷”一般作为粮食作物的总称，所指代的五种谷类并不完全固定。两种主要的说法，一种是指麻、菽、麦、稷、黍，还有一种是指稻、黍、稷、麦、豆。

刘秀才

王秀才

小麦和水稻哪个在中国出现更早？

在10000多年前，中国江南地区的先民已经开始种植和利用野生稻。中国是世界上稻作文明的发源地。而小麦起源于中亚，大约4000年前传入中国。

刘秀才

王秀才

中国现存的第一部完整的农学著作是什么？

是北魏贾思勰所著的《齐民要术》。这本书总结了黄河中下游地区劳动人民长期积累的生产经验，是中国现存最早、最完整的一部农书。

刘秀才

王秀才

不错呀！刘秀才你可全都答对啦。

惭愧惭愧，是王兄让着小弟。

刘秀才

孩子看得懂的天工开物

穿衣和出行

大眼蛙童书　编绘

全国百佳图书出版单位
化学工业出版社
·北　京·

目录

第一章　游子身上衣

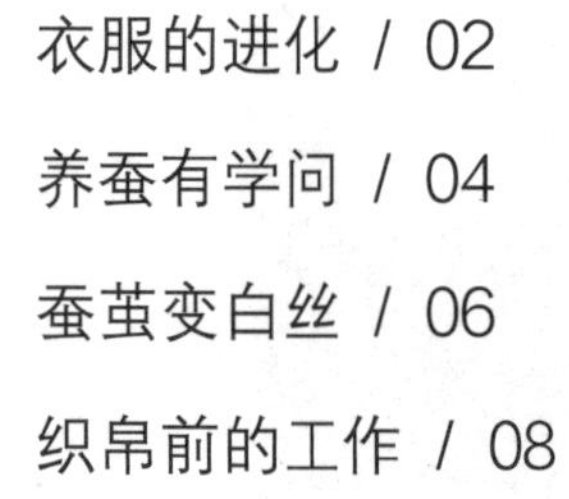

第二章　花木好颜色

第三章　白浪与红尘

第一章

游子身上衣

中国服饰文化博大精深。从原始社会的毛皮衣物，到后来的麻质衣物、丝织衣物、棉织衣物，再到我们现在生活中所见到的各种化纤类衣物，仅从服饰就可以写出一部“进化史”。古人除了学会用各种材料制衣外，还发明了许多纺织机械，促进了中国纺织技术的发展。

衣服的进化

最早的衣服是什么样的？历史上的衣服又是如何演变的？让我们简单了解一下衣服的进化史吧！

最早的衣服，是人类用来御寒或者保护自己的。在原始社会，人们打猎后，将猎物的皮扒下来，用骨针缝起来，就做成了一件裘（qiú）衣（毛皮衣服）。

再晚一些时候，人们逐渐学会从采集到的麻类植物中提取植物纤维，并将它们用石纺轮或者陶纺轮捻成麻线，再织成布，做成衣服。另据考古发掘表明，生活在新石器时代的人们就已经开始养蚕、缫（sāo）丝，并织成丝织品。

裘衣

最早的裘衣，是原始社会时人们用猎物的毛皮简单缝制而成的，发展到后期，则成了穿衣人身份的象征。能穿得起裘衣的人，一般来自富贵之家。

麻衣

上古无棉花。在当时制作衣服的面料除皮毛外只有丝、麻。富贵者穿丝织品。百姓只能穿麻或毛织的粗衣，不但重，而且不保暖。

丝绸衣服

丝绸是指用蚕丝织造的纺织品。用丝绸做的衣服，精美华丽，比棉布衣服贵重很多。

棉衣

棉衣就是用棉布制作的衣服。

化纤衣服

化纤是人造纤维与合成纤维的总称，人造纤维包括人造棉、人造丝、人造毛等。

棉花在秦汉时期就传入我国了，但那时候棉花种植少，棉布价格高，一般老百姓穿不起棉布衣服。直到宋代和元代，棉花种植面积扩大，再加上黄道婆改进了纺织技艺，使棉布产量大增，棉布衣服才开始普及。

到了近代，随着科技的发展，人们发明并使用了上百种化学纤维作为衣服面料。从此，各式各样的化纤衣物流行开来，人们穿衣也更加追求个性化和美观了。

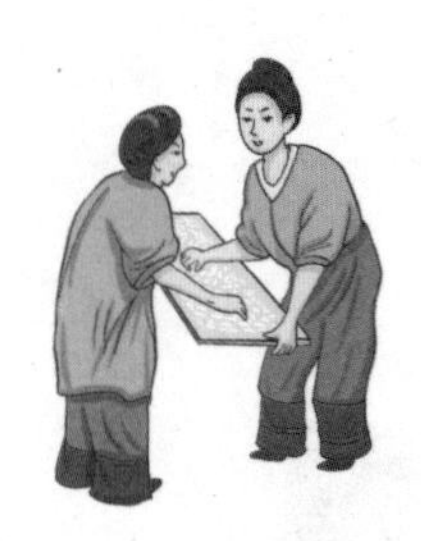

养蚕有学问

中国在很早以前就流传着嫘（léi）祖养蚕缫（sāo）丝的故事，那么蚕是怎样结茧的，养蚕的过程中又要注意哪些问题呢？

蚕的一生要经历卵、幼虫、蛹、成虫四个阶段。一只雌蚕蛾大约可以产下200粒卵，养蚕人一般用纸或者布承接蚕卵，蚕卵会一粒一粒均匀地铺在纸（或布）上。

每年农历腊月十二日到二十四日，这12天内，古人要对蚕种进行蚕浴，目的是将残弱的蚕种淘汰。留下的蚕种，到了第二年清明节后就开始陆续孵出。这时就要采摘桑叶喂养蚕了。

喂养初生的蚕宝宝时，要把桑叶切成细条，并且要勤换蚕筐，以保证蚕生长环境的通风和清洁。当蚕吃够了桑叶并慢慢成熟的时候，就要开始捉蚕结茧了。成熟的蚕一般在上午7点到11点结茧，捉蚕的时间要把握准确。不成熟的蚕吐的丝会少一些，但如果蚕过老，这时它已经吐掉一部分丝了，会影响茧的品质。

蚕上山结茧三天后，就可以取茧了。缫丝用的茧，必须选用形状圆滑端正的单茧（一只蚕吐丝结的茧），所以择茧工作也很重要。

蚕箔
蚕箔养蚕
养蚕用的席子状器具在古代称“箔”（bó）。蚕箔一般是用竹篾、藤条编制而成的，以长方形居多。蚕箔要用木架支撑，架子各层间需要留一定间隔，层数为六到九层不等。

采摘桑叶
桑树在我国分布很广，但是由于所在区域不同，生长环境不一样，桑树的种类也不一样。荆桑树干比较高，需要爬树摘桑叶；鲁桑树形矮小，不用攀爬就能摘桑叶。

上山结茧
上山也叫“上蔟”（cù），将要吐丝的蚕移到蚕蔟上，以供吐丝结茧。蚕上山结茧对环境要求很高，要通风，但又不能让风直吹；要暖和；不能让太阳直射，光线要柔和偏暗。
择茧
缫丝时选用形状相似，大小接近的茧，这样缫出来的丝就会均匀整齐，品相好。所以择茧的工作就是把蚕茧按品次大小分类，选取上等的茧用来缫丝。
蚕蔟
择茧

蚕茧变白丝

蚕结茧后，要怎样抽引出蚕丝呢？接下来我们来了解一下古代的缫丝工艺吧。

蚕丝的主要成分是丝素和丝胶。丝素是一种纤维，我们可以用它来纺织；丝胶是包裹在丝素外面的黏性物质，可以对丝素起到保护和黏结的作用。丝素不溶于水，而丝胶易溶于水，且温度越高溶解得越快。利用这一差异，古人学会了分解蚕茧、

无题
唐·李商隐
相见时难别亦难，东风无力百花残。
春蚕到死丝方尽，蜡炬成灰泪始干。
晓镜但愁云鬓改，夜吟应觉月光寒。
蓬山此去无多路，青鸟殷勤为探看。
浴茧
缫丝前的一道工序，即将蚕茧洗净。

抽引蚕丝，这一过程称为缫丝。

缫丝主要分为四个步骤：选茧、剥茧、煮茧和缫取。

选茧就是选出茧形圆滑端正的单茧，将烂茧、坏茧、双茧（两只蚕共同结的茧）或者残茧淘汰。

剥茧则是将茧外层杂乱、脏旧的茧衣剥掉。

煮茧的目的是使丝胶软化，便于抽丝。煮茧有两种方法，一种是将茧锅放在灶上一边煮一边抽丝；另一种是先将茧放在热水中将水煮沸，几分钟后再转到水温较低的锅中进行抽丝。

前者一般选用较差的茧，缫出来的丝称为火丝，质量稍微差一点；后者一般选用上好的茧，缫出来的称为水丝，质量比较好。

知识链接

没有被挑中的蚕茧用来做什么？

蚕茧并不是都能用来缫丝的，被淘汰下来不适合缫丝的茧，通常被制成丝绵。制作丝绵也是一项技术活。一要讲究丝绵蓬松，纤维均匀；二要讲究色泽纯白干净。所以古代的纺织工人干活必须手脚麻利，以防止纤维缠结在一起。

缫丝过程

缫丝时，将茧倒入开水锅中，煮沸后，用竹签拨动水面，丝头就会出现。将丝头穿进针眼，先绕过星丁头（导丝用的滑轮），再连接到大关车上，就可以缫丝了。

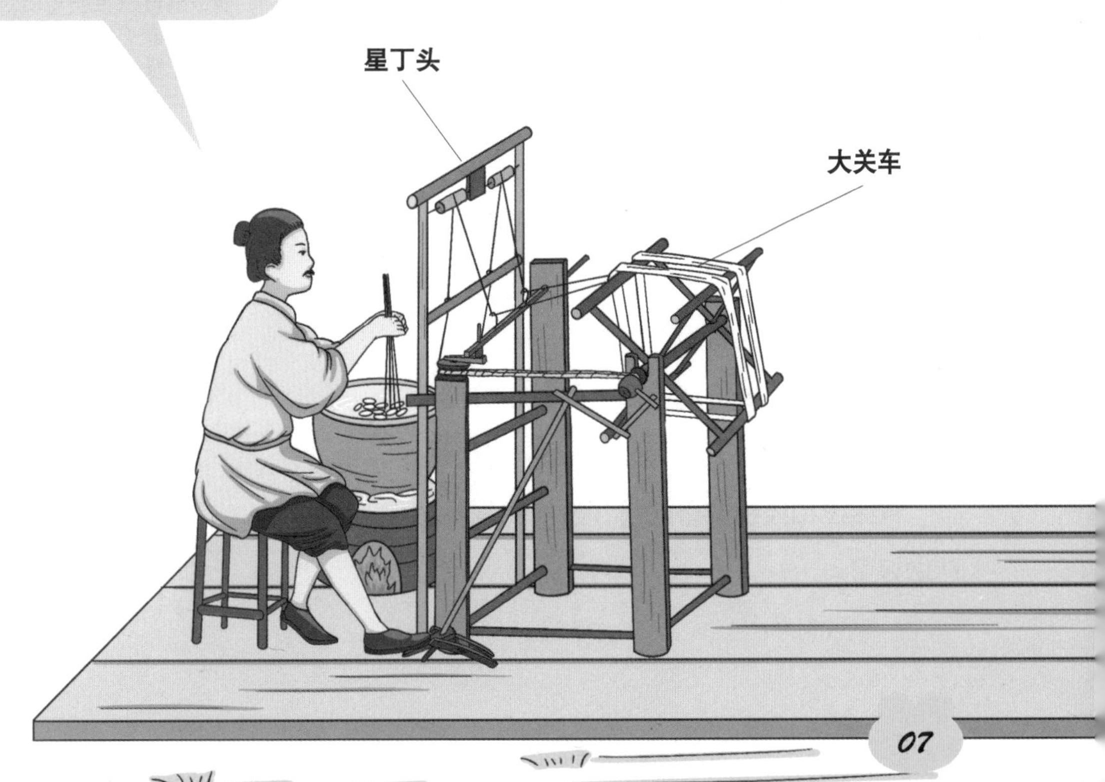

织帛前的工作

蚕茧缫丝后可以直接拿去织帛（bó）吗？不行哦，古人织帛的准备工作是非常细致的。缫好的蚕丝还要经过涚洗、绕丝、分出经纬线等步骤，才能进行织造。

无论哪种方法缫出来的丝，表面都会残留一些丝胶，所以上织机前的第一项准备工作就是涚丝。只有经过涚洗，才能得到亮丽润滑的丝。

接下来就是绕丝，其目的是为了整理丝线。绕丝要在光线好的室内进行，将木架放在地上，上面竖立四根竹竿，并将丝套在竹竿上。在竹竿附近的立柱上两三米高的地方，固定一根倾斜的小竹竿，上面安装一个半月形的挂钩，并将丝线挂在钩子上。此时，一手转动绕丝棒，一手拉扯丝，丝就缠好了。

将丝绕好后，就可以纺织经线和纬线了。

纬线要比经线粗一些，所以要用纺车，将几股丝捻合成一股备用。

制作经线，要将绕丝棒上的丝，按序穿过溜眼，再统一穿过掌扇，最后全部绕在经耙上。

将纬线和经线准备好后，织帛的准备工作就做好了。

① 涚丝

涚丝就是把生丝放到溪水中清洗，因为丝的表面有丝胶，只有将它们洗掉，蚕丝才能显露出亮丽润滑的特性。

知识链接

如何区分经线和纬线？

简单地说，经线是南北走向，纬线是东西走向。对于织造者而言，纵向的是经线，横向的是纬线。
另外，为了提高纺织的速度，所以纬线要比经线粗。经线在纺织过程中受到的摩擦比纬线大，所以比纬线结实。

③ 纺纬

纺纬前要将丝打湿，然后摇动卷纬车将丝线缠绕在小箭竹做的竹管上。

② 绕丝
绕丝又叫络丝、解丝，目的是通过右手的牵引和左手的缠绕来把丝缠绕好。
溜眼
经耙
掌扇
④ 耙式整经法
这个图展示的是耙式整经法，我国在春秋战国时期就已经使用此法纺织经线了。

锦上添花

为了使穿在身上的衣服看起来更加华丽美观，聪明的古人发明了提花机。

上织机前，缫好的丝必须用面糊浆洗过，这样做的目的是使纤维更加有形。对于一些在染色后失去原来特性的丝，则要用牛胶水来浆，这样纺出来的纱叫清胶纱。为了使面糊涂抹均匀，要将面糊涂在梳筘（kòu）上，再推移梳筘来回梳理，从而使丝浆透再晾干。

只依靠简单工艺织成的帛，看起来有些单调，古人就考虑在上面点加一些花纹，

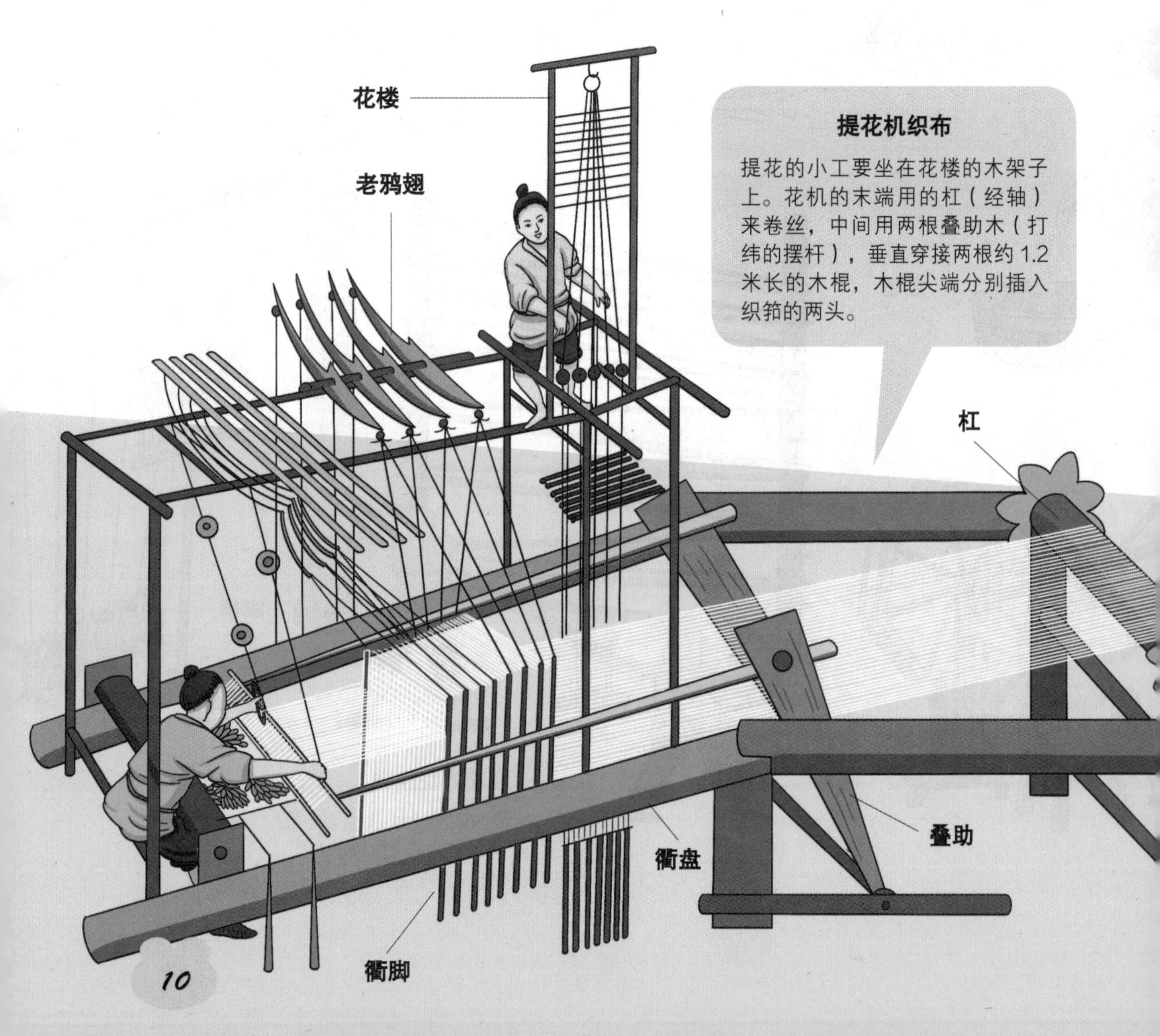

花楼
老鸦翅
提花机织布
提花的小工要坐在花楼的木架子上。花机的末端用的杠（经轴）来卷丝，中间用两根叠助木（打纬的摆杆），垂直穿接两根约 1.2 米长的木棍，木棍尖端分别插入织筘的两头。
杠
叠助
衢盘
衢脚

于是提花机就这样被研制出来了。

提花机是一个笨重的大家伙，长约 5 米。高高耸起的部件是花楼，主要是控制经线起落；中间托着的部件叫衢（qú）盘，主要用于调整经线开口的部位；下面垂着的叫衢脚，由 1800 根光滑的竹棍组成，主要用来控制经线复位。另外，为了安置衢脚，需要在花楼下面挖一个深约 60 厘米的坑。

织布的过程相当烦琐，需要两个小工配合才能完成。但如果是给一些轻薄的布料织花纹，就可以不用这个大家伙了，只用一种叫腰机的小织机就能完成。

腰机织帛

织匠在腰上绑一块皮子当靠背，操作时用腰部和臀部的力量来使织机运转，所以这种小织机又叫腰机。

过糊

把面粉调成的糨糊在经丝的表面涂抹一遍，这个过程叫过糊。

棉花变成布

从田间采回来的一团团雪白的棉花，要经过怎样的工序，才能变成棉布呢？

棉花是制作布料的重要原料。棉花的花朵凋谢后，结出的果实就是棉铃（因长大后形状像桃，也叫棉桃）。棉花一般是在春天播种，秋天收获。采摘棉花时，一般要把先裂开吐絮的棉铃中的棉纤维（棉絮）摘下来，其他的要等成熟之后再采摘。

摘下来的棉花（籽棉），里面的棉籽和棉纤维是粘在一起的。这时候就需要用轧棉机将棉籽挤出去。

去籽后的棉花，再用悬弓来弹松。之后，在木板上搓成长条，这个工序叫擦条。然后用纺车将棉条纺成棉纱，再绕在大关车上，就可以织布了。

弹棉

去籽后的棉花纤维不够蓬松，需借助悬弓使其松散均匀，并去除棉花中的杂质。

赶棉

赶棉俗称轧棉花，就是将棉籽从棉纤维中分离出去。

知识链接

棉布的优缺点

棉布的优点是穿着柔软舒适、保暖、吸湿、透气性强，易于染色、印花等；缺点是易缩水、易皱、易变形等。

手摇纺车

手摇纺车以手柄带动大轮，再通过轮绳牵引着纱锭进行工作。

木棉线架

这是线架与脚踏纺车的一种组合，用于棉纱的合并和加捻（纺）。

擦条

擦条即把弹松软的棉花搓成长短粗细均匀的棉条。

古人也爱穿皮草

原始人为了保暖，常常把野兽的毛皮披在身上，这应该算得上是最早的“毛皮”大衣了吧！但是后来，那些用珍稀动物的毛皮做成的皮草，逐渐变成了专供有钱人享用的服饰。

凡是用兽皮做的衣服，在古代都称为“裘”。比较贵重的裘衣有虎皮、貂皮、狐皮等材质的，便宜的有羊皮、麂皮等材质的。

虎皮、豹皮的花纹很美丽，古时候行军打仗的将军们用它来装饰自己，显得很威武。羊皮衣大多是用绵羊皮制成的，比较贵重的羊皮衣则会选用羔羊皮，在古代只有达官显贵才能穿羔羊皮衣。麂（jǐ，一种小型的鹿）子皮去了毛后，加工成袄裤，穿起来既轻便又暖和，狗皮和猪皮是最不值钱的，通常被用来做鞋子，给做苦工的人穿。

我们重点来说一下狍（páo）皮的熟制工艺。

首先将狍肝煮烂捣成糊状后涂抹在狍皮上，然后将皮子卷起来等其慢慢发酵。

忽必烈所穿裘衣
将军所穿裘衣
此图描绘的是忽必烈率随从出猎的情景。忽必烈外穿白色裘衣，内着金云龙纹朱袍，骑一匹黑马。
百姓所穿裘衣

熏烤
鞣皮
缝制
成衣
狍衣制作
工艺精湛、花纹漂亮的狍衣承载着一种传统文化，体现了游牧民族的智慧和独特的审美。

接下来用刮刀将狍皮上的肉筋、脂肪去除，这时候狍皮就会变得比较柔软了。

然后再继续刮皮，去掉多余的皮渣，再反复鞣（róu）制，直至将皮子鞣制得如棉布一般洁白柔软。

皮子熟制后要再用火熏烤，使之定型并防止生虫。

以上工序都完成后，就可以加工裘衣了。古代的鄂伦春人善于加工裘衣，他们的技艺包括染色、刺绣、剪皮、镶嵌等多种工序，最后制作出来的袍皮衣服非常精美。

而现今，我们的社会提倡保护动物，我们穿的衣服也大部分以棉、丝绵、化纤等材质为主了。

第二章

花木好颜色

古人穿的衣服颜色艳丽，色彩丰富。这不仅是因为古人的染色技术好，还缘于聪明的古人能从一些植物中获取天然的染料。例如从茜草、红花、苏木中，可以提取出红色染料；从栀子、姜黄（中药名）、槐花中，可以提取出黄色染料。用天然染料染出的布料、制成的衣物健康安全，颜色自然。在这一章让我们来见识一下，古人出色的染色能力吧！

朝代分颜色

黑色、黄色、红色等颜色在我们的眼里，都是很普通的。我们在选衣服时，通常也不太忌讳衣服的颜色。但在古时的一些朝代，有的颜色却是高贵的象征，平民百姓穿衣要是选错了颜色，就会灾难临头。

在古代，衣服是不能乱穿的。每个朝代都有自己崇尚的颜色。古人对衣服的颜色如此讲究，主要就是靠出色的染色能力。

身着蓝色衣服的周天子

在古代，蓝色主要是由蓝靛（diàn）染成的。

身着黑色衣服的秦始皇

把栗子壳或莲子壳放在一块儿熬煮一整天，然后把它们捞出，再把铁砂、皂矾放进锅里煮一整夜，锅里的水就会变成深黑色的染料。

周朝时期的君王穿“青衣”。“青”其实是一种蓝色，代表着尊贵。

秦朝人根据“五德终始”学说，认为秦朝是水德。五行中水对应的是黑色，因此尊崇黑色。秦始皇着一袭黑袍，而普通老百姓是不允许穿黑色衣服的。

根据历史记载，汉文帝主要穿红色和黄色衣服。到了汉武帝时，认为汉朝是土德（土对应的是黄色），因此推崇黄色。

帝王穿黄色衣服，主要是从隋唐时期开始的，穿黄袍也逐渐成为帝王的象征。

明朝时期崇尚火德（火对应的是红色），以红色为贵。因为皇帝姓朱，所以尤其喜欢穿红色衣服。

身着红色衣服的汉文帝

有一种叫红花的花，将其采摘下来加工成红花饼，用乌梅水煎煮后，再用碱水澄清几次，就会得到颜色非常鲜艳的红色染料。

身着黄色衣服的唐太宗

先用黄栌木煮水染色，再用麻秆灰淋水，然后用碱水漂洗，可将布料染成金黄色。

身着红色衣服的明太祖

明朝崇尚的是红色，因此明朝皇帝爱穿红色衣服。因“明”与“冥”同音，所以在明朝，黄色（明黄）是皇帝寿衣（人死后穿的衣服）的颜色。

红花染红色

想把一块布染成红色，需要用到红色的染料。那么古时候的人们是怎样制作出红色染料的呢？

在古代，如果想把衣服染成红色，需要用到一种叫“红花”的花朵。

到了二月初，就要在田圃里撒播红花种子进行播种。如果种得太早，花苗长到一定高度时，就会生出像黑蚂蚁一样的虫子去啃咬花的根部，使花苗很快死亡。

如果把红花种在土壤肥沃的地里，花苗能长到将近 1 米高。此时就要给每行红花打桩子，用围栏将红花围护起来，以防红花被狂风吹倒。

采红花
到了夏天，红花会长出球状花托，花苞就长在球状花托上。花托上有很多刺，所以在摘花时候要格外注意，以免被刺扎伤。

做花饼

摘取还带着露水的红花，并将其捣烂，装入布袋拧去黄汁；再次捣烂，并用发酵后的淘米水进行淘洗，之后装进布袋中再次拧去汁液；用青蒿将其覆盖并放置一晚，最后将其捏成饼状。

红色染料

将红花饼用乌梅水煎煮，之后再用碱水澄清几次，颜色就会变得非常鲜艳了。

到了夏天，红花就会开花。当天刚蒙蒙亮，红花还带着露水的时候，采花人就开始工作了。如果等到太阳升起以后再开始采摘，红花就会闭合而不便于采摘。红花是渐次开放的，所有花朵大约一个月才能开完。

把刚摘下来还带着露水的红花捣烂，并用水淘洗，装入布袋里拧去黄汁；再次捣烂，用已发酵的淘米水再进行淘洗，再把它们装入布袋中拧去汁液；然后用青蒿覆盖一个晚上，捏成薄饼，阴干后收藏好。这样，红花饼就做好了，如果染色的方法得当，就可以把衣服染成鲜艳的红色了。

知识链接

古代染红色还用到什么染料？

古代染红色最初是用赤铁矿粉末，后来用朱砂（硫化汞）。用它们染色，牢度较差。周代时用茜草染红色。从汉代起，逐渐开始用红花染红色。

槐花染绿色

槐树的花朵不仅可以食用，还可以用来做绿色染料。

古人染布用的绿色染料，主要来源于槐蕊。

槐树长到十年以上，才能开花。最开始长出还没开放的花苞就叫槐蕊。

采摘时先将竹筐摆放在树下，再将槐蕊收集起来，放进筐里。

然后，将槐蕊洗干净放进大锅里煮开，捞出来沥干后捏成饼，供给染坊使用。已经开放的槐花，会逐渐变成黄色。将黄色的槐花收集起来，加入少量石灰晾干，也可以收藏起来备用。

油绿色的布料，就是先用槐花将布料染一下，再用青矾（fán）水染成的。

煮槐花
做槐花饼
做槐花饼，一定要挑选花苞。掺入过多的花瓣会影响花饼的成色。

摘槐花
槐花是槐树开出的花。槐树主要种植在中国的北方地区，因为槐树要生长到十年以上才能开花，所以一般要爬树或者用长竿才能摘到槐花。
加青矾水染色
在草木染色中，青矾是极为重要的一种媒染剂，它与不同的植物染料套染，可以生成深黑、深青、深紫色等不同的颜色。
直宿南宫三首·其一
宋·杨万里
独直南宫午独吟，祥云淡淡竹阴阴。
小风慢落鹅黄雪，看到槐花一寸深。

蓝靛出蓝色

摘叶

摘叶时，要选茎和叶多的茶蓝，以保证色彩的纯度。

古时候，人们穿的蓝色衣物几乎都是用一种叫蓝靛的染料染成的。而蓝靛则是用植物制成的。

有五种植物可以用来制作深蓝色的染料，分别是茶蓝、蓼（liǎo）蓝、马蓝、吴蓝、苋（xiàn）蓝（一种小叶的蓼蓝）。

我们主要以茶蓝为例，介绍一下制作蓝靛的过程。

根据叶子大小，茶蓝主要分三种，分别是大叶蓝、中叶蓝、小叶蓝。一般在七月份将茶蓝的茎和叶收割回来。量多时放进花窖里，量少时放在桶里或者缸里，加水浸泡 7 ~ 8 天，这时候蓝花汁液就会自然地浸出来了。

把蓝花汁液按 20 ：1 的比例加入石灰，搅拌几十下后，就会凝结成蓝靛。

小叶蓝

中叶蓝

大叶蓝

将水放置一段时间后，蓝靛就会沉淀在桶或缸的底部。

制作蓝靛时，将搅拌时撇出来的浮沫晾干成为“靛花”。沉淀在缸底的，质量最好的成为“标缸”。

知识链接

茶蓝

茶蓝的学名又叫菘（sōng）蓝，别名板蓝根。茶蓝喜温暖气候，耐旱，怕涝。现在，全国各地均有栽培，是大众熟知的药材。

莲子壳染茶褐色

你知道吗，我们在荷花池中看到的莲蓬，还能被加工成染布用的染料呢。古时候，人们身上穿的褐色衣服，就是用莲子壳制成的染料染成的。

采莲蓬

莲蓬的采摘季节一般从小暑节气开始，立秋前后为旺盛期，秋分前后应采完。

茶褐色的染料是通过莲子壳煮水制成的。

秋天，荷花的果实莲蓬成熟时，将其割下，取出里面的莲子，去壳，再将莲子壳晒干。

等到莲子壳的表面晒成紫红色或灰褐色，并且破裂、呈蜂窝状时将其收起来。

先用苏木水染色，然后将莲子壳煮水给布料染色，最后用青矾水继续给布料染色，褐色的布料就这样染成了。

大司成颜几圣率同舍招游裴园·其七

宋·杨万里

城中担上买莲房，未抵西湖泛野航。
旋折荷花剥莲子，露为风味月为香。

晒莲子壳
煮莲子壳
将布染色
用青矾水再染
晾晒
染工大都挽着衣袖，
扎着长而宽的围裙，
晾晒染过的布料。

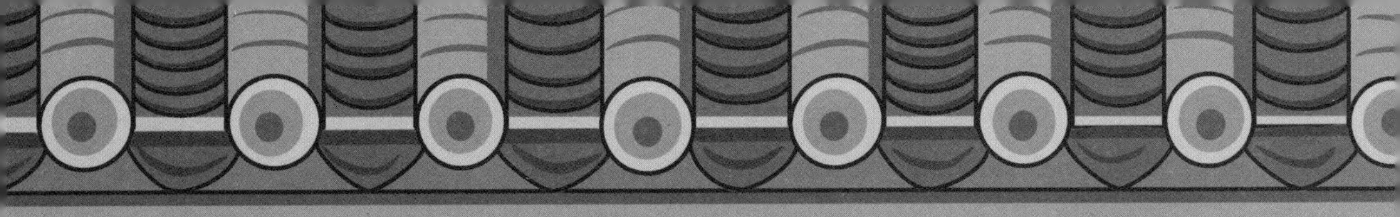

第三章

船和车是古代重要的交通和运输工具。为了方便运货和载人，古人打造出了各式各样的船只和车辆。在这一章，让我们来了解一下，古人出色的造船、造车技术吧！

巨大的漕舫

古代航行在江河上运送粮食的大船，可以像房子一样大，非常壮观。下面让我们来了解一下这种大船的构造吧！

舫（fǎng），最早的含义之一就是并列连接的两条船。中国早在西周时就有舫。到了后来，渐渐成了船的同义词。舫的航行速度比较慢，但比较平稳。古代的皇室、贵族往往对其加以装饰，乘坐游玩，所以也称为画舫。

漕舫是指古代向都城运送皇粮的大型船只，也叫漕船。

漕舫各部位的作用

桅杆就像一张弩的弩身，风帆和附带的帆索就像弩翼；橹相当于拉车的马；拉船用的纤绳相当于走路的鞋子；船帆上的长绳则很像鹰和雕的筋骨；船头桅杆顶部悬挂的旗如同开路先锋，而船尾的舵就像是主帅；如果要安营扎寨，就要使用锚了，它像定海神针，将漕舫牢牢固定住。

古代南方利用水道向首都运送粮食，供应京城或接济军需，叫漕运。

漕运一般使用平底的浅船。这种漕船的构造就像房屋。形象地说，船底相当于房屋的地面，船身相当于墙壁，上面是用阴阳竹盖的屋顶。大一些的漕船，有两根桅杆，其中的主桅有 20 多米高。桅杆上的风帆是用竹篾制成的，可以折叠，人们可以通过风帆的展开程度来控制漕船的航行速度。

如果船要靠岸，需要用粗缆以及绳索；如果需要驻泊，那就需要使用船锚了。

各种各样的内河船

古代没有像汽车、火车和飞机这样先进的交通工具，人们要出行或者运送货物，除了靠车马就是靠船只，因此各种类型的船只应运而生。

课船

古代行驶在长江上速度非常快的小型船只，是官府用来运载税银的课船。课船船身狭长，前后有10多个船舱，每个船舱的面积只有一个铺位大小。整只船一共有6个桨，在风浪里主要靠这几个桨来划动航行。如果不遇逆风，这种船一天顺水可行200多公里，逆水也可行进50多公里。

六桨课船
课船船身瘦长，船上设有船舱，行驶速度很快。它的名称来源于这种船的使用功能，主要指在长江、汉水流域运送官粮、盐税的船只。

浪船

在江浙地区航行着数以万计的浪船。这种船即使很小也要建起有窗户的厅房。在船上的人和货物要做到两边平衡，否则船就会倾斜，所以这种船也被叫作“天平船”。浪船的前进主要靠两三个人摇动船尾那根粗大的橹。

盐船
盐船主要在广东地区航行，北起南雄，南到广州都能见到这种船。

浪船

浪船主要行驶在江浙地区弯曲的深沟和小河，也包括大运河。但因为长江上游风大浪急，所以无法驶入。

盐船

盐船主要用来运送货物，船的两侧有通道可以行人。盐船的风帆是用草席做成的，但使用的不是单桅杆，而是两根立柱悬帆，因此无法转动，逆流航行时要靠纤绳牵引。

其他种类的船只还有八橹船、艄篷船、满篷梢、秦船等。

古代的四大海船

古时候的人们为了进行海上贸易，打造了许多可以航行较远、能抗击风浪的海船。

元末明初，运粮的大海船叫遮洋浅船，小一点儿的叫钻风船。因为钻风船像泥鳅（qiū）一样小巧、灵活，所以也有人叫它“海鳅”。

遮洋浅船比漕舫要大很多，但是船上的设备是一样的。只是遮洋浅船的舵杆必须用铁力木，填充船缝则要用鱼油和桐油。

海船的船头与船尾都要安装罗盘，在海上行驶时，罗盘可以用来辨别船只航行的方向。

海船出海之前，需要先在船上储备几百斤的淡水，以供船上的人饮用几天。遇到岛屿后，还需要再补充淡水。

我国古代著名的航海木帆船共有四种：沙船、福船、鸟船和广船。

沙船
沙船主要航行在长江以北，因为适合在水浅多沙滩的航道上航行，所以被称为沙船。

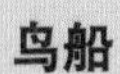

鸟船

鸟船多见于浙江沿海一带，其船首形似鸟嘴，故称鸟船。

福船

福船头部尖，尾部宽，两头上翘，以航行于南洋和远海著称。因多由福建建造，故而得名。

广船

广船因建造于广东而得名，它最大的特点是“多孔舵”。

四轮和双轮马车

早期的马车，除了作为交通工具，还是狩猎和作战的工具。用马驾车，是以四匹马更为常见，两匹马拉的车比较少。

车是人类交通史上一个重要的发明，它不仅为人们运输、出行提供了方便，还扩大了地区之间的贸易与联系。

古代的马车有四个轮子的，也有两个轮子的。

四轮的马车，前两轮和后两轮各有一根横轴，在轴上竖立的短柱上面架设有纵梁，其上承载着车厢。这种结构可以保证车行驶起来比较平稳。停车后，车身也能端平，上面的人像坐在房子里一样安稳。

四轮车
秦汉时期，马车以两轮居多。宋元时期，逐步发展为两轮和四轮的两种类型。此图为四轮马车。

双轮的骡车，无论在行驶过程中，还是停车时都不太稳。尤其在停车脱驾时，需要用短木向前抵住地面来支撑，否则车就会向前倾倒。

造车的木料，长的用来做车轴，短的用来做毂（gǔ，车轮中心的圆木。周围与车辐的一端相接；中有圆孔，可以插轴）。因为这两个部位经常摩擦，所以一般选用槐木、枣木、檀木和榆木等上等的材料。其他部位，如车轸、车衡、车厢、车轭等，用什么木材都可以。

双轮车

此图为用骡子拉的双轮车。自古也有牛车，多用以载物。魏晋以后，坐牛车曾成为一种时尚。

秦始皇陵铜马车

此图为 1980 年在陕西临潼秦始皇陵西侧出土的秦一号铜马车，这是一辆双轮车，车厢为横长方形，车门在车厢的后面，车上有圆形的铜伞，伞下站着御官，双手驾车，前面由四匹马拉着。

北方和南方的独轮车

古人为了运输方便，发明了一种工艺比较简单却实用性强的独轮车。独轮车在我国的南方和北方均有使用，但使用方式存在着差异。

独轮车由一个轮子、车架和支架组成。它比较灵活轻便，由一个人推行便可以在狭窄、崎岖不平的山路上行驶。另外，因为独轮车一般不需要畜力拉动，故而使

北方用驴拉的独轮车
用驴拉的独轮车，需要人在后面推，可以行驶比较远的路程。不载人时，也可以拉少量的货物。

南方用人推的独轮车
《三国志》中讲到诸葛亮发明“木牛流马”解决运粮难的故事，有学者推测“木牛流马”就是由北方独轮车的演变而来的。独轮车大概发明于西汉晚期，当时被称为“鹿车”。

知识链接

独轮车的特点

独轮车，既可以拉货物，又可以坐人。因为它只有一个轮子，很容易倾倒，所以推车的时候需要掌握平衡。

用非常普遍。特别是北方地区，几乎家家都有一辆。

北方有一种使用驴拉的独轮车，驴子在前面拉，人在后面推，不习惯骑马的人常常租用这种车。车的座位上有拱形席篷，可以遮风挡雨。坐车的人需要在里面分开对坐，不然车子就会倾倒。

南方的独轮车，用一人之力推动前行，遇到坎坷或者陡坡，就难以通过。

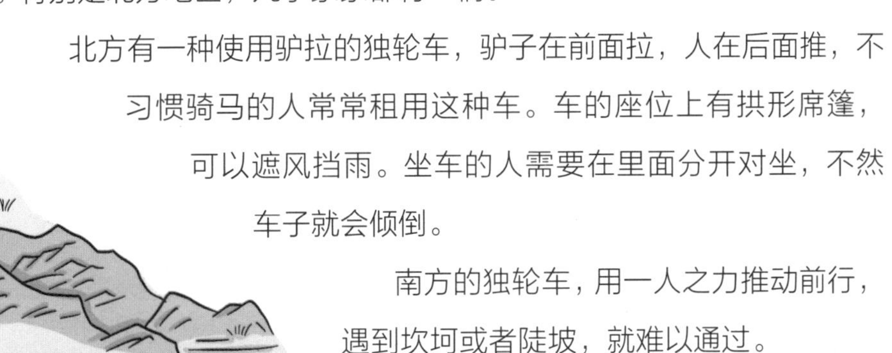

古代“文化人”的日常斗嘴

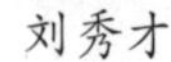

听说王兄最近大门都不出，整天在家“啃书本”，莫不是怕输给小弟？

王秀才

少罗嗦，出题吧！

刘秀才

现存中国最早的针是哪一个？

王秀才

是用骨头制成的骨针。在北京周口店山顶洞遗址出土了距今 10000 多年的骨针。

刘秀才

有着“衣被天下”荣誉称号的中国古代“女纺织专家”是谁？

王秀才

是元代棉纺织革新家黄道婆。她改革纺织工具和织造工艺，对当时植棉和纺织业的发展起很大推动作用。

刘秀才

“青出于蓝而胜于蓝”中的青和蓝分别指什么？

王秀才

“青”指靛青，一种深蓝色染料；“蓝”指蓼（liǎo）蓝，一种草的名字。这句话原意为靛青是从蓼蓝中提炼的，但颜色比蓼蓝更深。后来人们常用此语形容学生的才能胜过老师，后人胜过前人。

刘秀才

回答的全对！王兄最近都在看什么书？

王秀才

一般人我不告诉他，我正在看《天工开物》。

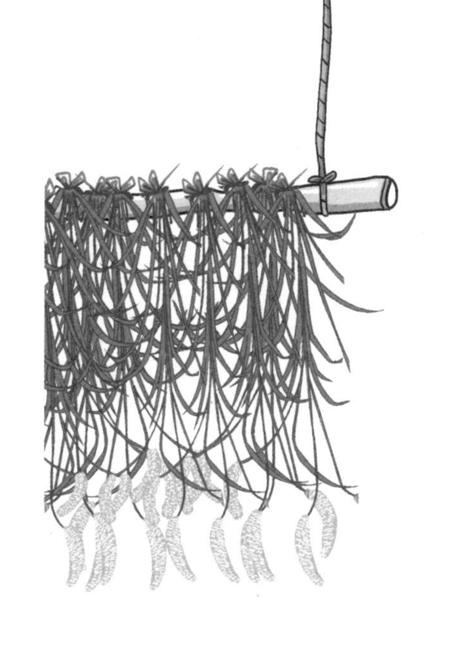

《天工开物》相关成语 100 条

《天工开物》是明代关于农业、手工业的著作，反映了当时劳动生产的状况。为了帮助大家学习，在此收集了有关农业、手工业的 100 条成语，以使大家能更好掌握有关知识。

ān bù dàngchē 安步当车	安：不慌忙；安步：缓慢步行。以缓慢的步行代替乘车。语出《战国策·齐策四》：“晚食以当肉，安步以当车，无罪以当贵，清静贞正以自虞。”
bái zhǐ hēi zì 白纸黑字	白纸上写的黑字。比喻有确实的文字凭证，不容否认。
bì lù lán lǚ 筚路蓝缕	筚路：柴车；蓝缕：破衣服。坐着柴车，穿着破衣服，去开辟山林。形容创业艰苦。语出《左传·宣公十二年》：“筚路蓝缕，以启山林。”也作“荜路蓝缕”。
bǐngzhú yè yóu 秉烛夜游	秉烛：拿着点燃的蜡烛。后指珍惜良辰，及时欢游。
bù biàn shū mài 不辨菽麦	菽：豆类。分辨不清哪个是豆子，哪个是麦子。后形容缺乏农业生产知识。
bù jū shéng mò 不拘绳墨	绳墨：木工用以画直线的工具，借指规矩。形容一个人的艺术风格洒脱不羁。
bù tōngwén mò 不通文墨	通：精通；文墨：指写文章、著述等。指人文化水平不高。
bù wéinóng shí 不违农时	违：不遵守。不耽误农作物的耕种时节。

成语	释义
bù bó shū sù 布帛菽粟	帛：丝织品；菽：豆类；粟：小米，泛指粮食。指生活必需品。比喻平常又不可缺少的东西。
bù yī qiánshǒu 布衣黔首	布衣：平民。黔首：秦代尚黑，平民以黑布裹头，因用为平民的代称。后以“布衣黔首”指普通老百姓。
bù yī zhī jiāo 布衣之交	指贫寒老友。语出《史记·廉颇蔺相如列传》“臣以为布衣之交尚不相欺，况大国乎！”
cán shí jīng tūn 蚕食鲸吞	如同蚕吃桑叶那样一步步侵占，如同鲸吞食那样一下子吞并。比喻用各种方式侵吞别国领土。语出《韩非子·存韩》：“诸侯可蚕食而尽，赵氏可得与敌矣。”
chāijīngqún bù 钗荆裙布	以荆枝作钗，粗布为裙。形容妇女衣装朴素。
chē shuǐ mǎ lóng 车水马龙	车如同流水，马如同游龙。形容来往车马连续不断的情景。语出《后汉书·明德马皇后纪》：“前过濯龙门上，见外家问起居者，车如流水，马如游龙。”
chē zài dǒuliáng 车载斗量	载：装载。用车载，用斗量。形容数量很多。
chén gǔ zi làn zhī ma 陈谷子烂芝麻	比喻陈旧的不紧要的话语或事物。
chōngróng dà yǎ 舂容大雅	舂容：重重撞击发出的声音。形容声调洪亮，文辞典雅。
chōu sī bāojiǎn 抽丝剥茧	丝得一根一根地抽，茧得一层一层地剥。形容分析问题极为细致，有层次。
dà dāokuò fǔ 大刀阔斧	原指两种兵器。形容军队声势浩大。今比喻办事果断，富有魄力。
dānqīngmiàoshǒu 丹青妙手	丹青：红色和青色的绘画颜料，指绘画。妙手：技巧高明的人。指绘画技艺高超的画匠。

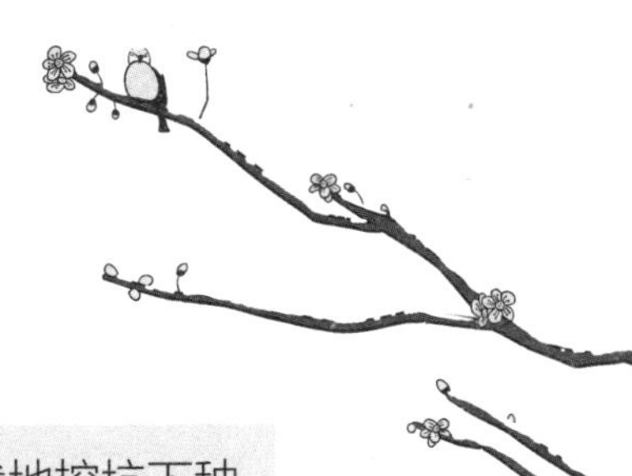

dāogēnghuǒzhòng 刀耕火种	古时候，农夫把地上的草烧成灰做肥料，就地挖坑下种。指原始的农业耕种方式。语出陆游《雍熙请锡老疏》："水宿山行，平日只成露布；刀耕火种，从今别是生涯。"也作"刀耕火耘""火耨（nòu）刀耕"。
dàoliángmóu 稻粱谋	谋：谋求。原指鸟觅食，比喻人谋求生计。语出杜甫《同诸公登慈恩寺塔》诗："君看随阳雁，各有稻粱谋。"
diāo qiú huàn jiǔ 貂裘换酒	貂裘：貂皮做的大衣。表示不惜用珍贵物品换酒畅饮，形容风流不羁。
duì jiǔ dāng gē 对酒当歌	对着酒应该放声高唱。原指人生有限，应该有所作为。后也用来指及时行乐。语出曹操《短歌行》："对酒当歌，人生几何？"
féi mǎ qīng qiú 肥马轻裘	裘：皮衣。骑肥壮的马，穿轻暖的皮衣。形容阔绰。
fēnluàn rú má 纷乱如麻	麻：麻团。形容事物交错杂乱像一团乱麻。
fēngzhúcánnián 风烛残年	风烛：被风吹的蜡烛，容易熄灭；残年：残余的岁月，指在世不太久。比喻人到了接近死亡的晚年。
fēngyōng ér zhì 蜂拥而至	像一窝蜂似地拥来。形容人群乱哄哄地向着一个地方聚拢。
fù zhōu zài zhōu 覆舟载舟	覆：颠覆；载：承载。比喻人心向背决定国家兴亡。
gān zhī rú yí 甘之如饴	甘：甜；饴：麦芽糖浆。像糖那样甜。指为了从事某种工作，宁愿承受艰难困苦。语出《诗经》郑玄笺："其所生菜，虽有性苦者，甘如饴也。"
gāoliáng zǐ dì 膏粱子弟	膏：肥肉。粱：细粮。膏粱：泛指可口的饭菜。指过惯享乐生活的富裕子弟。

guǎnbào fēn jīn 管鲍分金	管：管仲；鲍：鲍叔牙，战国时齐国的名相；金：钱财。比喻情谊深厚，不计较得失。语出《史记·管晏列传》："管仲曰：'吾始困时，尝与鲍叔贾，分财利多自与，鲍叔不以我为贪，知我贫也。'"
guǐ fǔ shéngōng 鬼斧神工	像是鬼神制作出来的。形容建筑、雕塑等技巧高超。也作"神工鬼斧"。
hánháoshǔn mò 含毫吮墨	毫：毛笔的笔尖；含毫：将笔尖含在嘴里，指以口水润湿毛笔；吮墨：以口吸吮墨汁。形容构思作品。也指写作时凝神遐想。
huàgān gē wéi yù bó 化干戈为玉帛	干戈：指打仗；玉帛：玉器和丝织品，指和好。比喻变战争为和平。
huángliáng měimèng 黄粱美梦	黄粱：小米。黄米饭尚未蒸熟，一场好梦已经醒了。原比喻人生虚幻。后比喻不可能实现的梦想。语出李泌《枕中记》："卢生欠伸而寤，见方偃于邸中，顾吕翁在旁，主人蒸黄梁尚未熟，触类如故，蹶然而兴曰：'岂其梦寐耶？'"
huǒshàngjiāoyóu 火上浇油	往火上倒油。比喻使人更加愤怒或让情况更加严重。也作"火上加油"。
jī jí zhōng liú 击楫中流	比喻立志奋发图强。语出《晋书·祖逖传》："中流击楫而誓曰：'祖逖不能清中原而复济者，有如大江。'"
jī gǔ fáng jī 积谷防饥	储存粮食，以防饥荒。
jiàn bá nǔ zhāng 箭拔弩张	箭：弓箭；弩：古代一种用机械力量射箭的弓。比喻形势紧张，一触即发。
jiàn zài xiánshàng 箭在弦上	箭已搭在弦上。比喻为形势所迫，不得不采取行动。
jīn shēng yù zhèn 金声玉振	以钟发声，以磬收韵，奏乐从始至终。比喻音韵响亮、和谐。也比喻人的知识渊博，才学深厚。

jǐn shàngtiānhuā 锦上添花	锦：有彩色花纹的丝织品。在锦上绣花。比喻好上加好。语出王安石《即事》诗："嘉招欲覆杯中渌，丽唱仍添锦上花。"
jǐn yī yù shí 锦衣玉食	锦衣：鲜艳华美的衣服；玉食：珍美的食品。精美的衣食。形容奢华的生活。
jìn zhū zhě chì 近朱者赤， jìn mò zhě hēi 近墨者黑	靠着朱砂的变红，靠着墨的变黑。比喻接近好人可以使人变好，接近坏人可以使人变坏。指外界环境对人有很大影响。语出傅玄《太子少傅箴》："故近朱则赤，近墨者黑；声和则响清，形正则影直。"
jīnggēng xì zuò 精耕细作	指农业上细致地耕作。
kè zhōu qiú jiàn 刻舟求剑	比喻拘泥于成法，不知随形势变化而进行改变。语出《吕氏春秋·察今》："楚人有涉江者，其剑自舟中坠于水。遽契其舟，曰：'是吾剑之所从坠。'舟止，从其所契者入水求之。舟已行矣，而剑不行，求剑若此，不亦惑乎？"
kǒu mì fù jiàn 口蜜腹剑	嘴上说的很甜美，肚子里却怀着祸害人的念头。形容人狡猾阴险。语出《资治通鉴·唐纪·玄宗天宝元年》："世谓李林甫'口有蜜，腹有剑'。"
liánpiān lěi dú 连篇累牍	累：重叠；牍：古代写字的木片。形容篇幅过多，行文冗长。
liù cháo zhī fěn 六朝脂粉	六朝：建都于建康（今南京）的三国吴、东晋、宋、齐、梁、陈六个朝代；脂粉：胭脂。形容繁华绮丽。
mǎi dú hái zhū 买椟还珠	椟：木匣；珠：珍珠。买下木匣，退还珍珠。比喻没有眼光，取舍不当。语出《韩非子·外储说左上》："楚人有卖其珠于郑者，为木兰之柜，薰以桂椒，缀以珠玉，饰以玫瑰，辑以羽翠。郑人买其椟而还其珠。"

mǎngpáo yù dài 蟒袍玉带	绣有蟒蛇的长袍，饰有玉石的腰带。指官服，也指传统戏曲中帝王将相的服装。亦作“蟒衣玉带”。
mì lǐ diàoyóu 蜜里调油	比喻非常亲密和好。
míngzhū àn tóu 明珠暗投	原意是明亮的珍珠，暗里抛在路上，使人看了都很惊奇。比喻有才能的人得不到重用。也比喻好东西落入不识货人的手里。
mó dāo bù wù kǎn chái gōng 磨刀不误砍柴工	磨刀会花费时间，却不耽误砍柴。比喻事先做好准备，就不会耽误工作的进度。
mó lóng dǐ lì 磨砻砥砺	砻：磨；砥砺：磨刀石。指狠狠磨砺。
mù yǐ chéngzhōu 木已成舟	木头已经做成了船。比喻事情已成定局，不可能改变。
nángēng nǚ zhī 男耕女织	封建社会中的小农经济，一家中，男的种田，女的织布。指全家辛勤劳动。
nì shuǐxíngzhōu 逆水行舟	逆着水流的方向行船。比喻不努力就要后退。
niǎo jìn gōngcáng 鸟尽弓藏	鸟没有了，弓也就藏起来了。比喻事情成功后，把曾经出过力的人一脚踢开。语出《史记·越王勾践世家》：“蜚鸟尽，良弓藏；狡兔死，走狗烹。”
nìngwéi yù suì, bú wéi wǎ quán 宁为玉碎，不为瓦全	宁做玉器被打碎，不做瓦器而保全。比喻宁愿为正义事业牺牲，不愿苟且偷生。语出《北齐书·元景安传》：“岂得弃本宗，逐他姓，大丈夫宁可玉碎，不能瓦全。”
nòngwǎ zhī xǐ 弄瓦之喜	弄瓦：古人把瓦（原始的纺锤）给女孩玩，希望她将来能胜任女工。旧时常用以祝贺人家生女孩。
pāozhuān yǐn yù 抛砖引玉	抛出砖去，引回玉来。比喻用自己不成熟的想法或作品引出别人更好的意见或好作品。

páo zé zhī yì 袍泽之谊	袍泽：长袍与内衣，泛指军中战友。指军队中战友的交情、友谊。
péngshēng má zhōng 蓬生麻中	比喻生活在好的环境里，也能成为好人。语出《荀子·劝学》："蓬生麻中，不扶而直；白沙在涅，与之俱黑。"
pī má dài xiào 披麻戴孝	麻：泛指麻绖和丧服。服重丧重孝。指长辈去世，子孙身披麻布服，头上戴白色孝布，表示哀悼。
pò fǔ chénzhōu 破釜沉舟	釜：饭锅。此典指项羽率楚军北上救赵，渡漳河（今河北、河南两省边境），项羽命令楚军砸破饭锅，凿沉渡船，表示决心死战，有进无退。比喻下定决心不计后果地干到底。语出《史记·项羽本纪》："项羽乃悉引兵渡河，皆沉船，破釜甑，烧庐舍，持三日粮，以示士卒必死，无一还心。"
qiánchē zhī jiàn 前车之鉴	鉴：镜子，为教训。前面车子翻倒的教训。比喻先前的失败，可以作为以后的教训。
qiáng nǔ zhī mò 强弩之末	强弩发射的箭矢，飞行已达末程。比喻强大的力量已经衰弱，起不了什么作用。语出《汉书·韩安国传》："且臣闻之，冲风之衰，不能起毛羽；强弩之末，力不能入鲁缟。"
qīngchū yú lán 青出于蓝	青：靛青；蓝：蓼蓝之类可作染料的草。青是从蓝草里提炼出来的，但颜色比蓝更深。比喻学生超过老师或后人胜过前人。语出《荀子·劝学》："青，取之于蓝，而青于蓝。"
rú qiē rú cuō 如切如磋， rú zhuó rú mó 如琢如磨	切：用刀切断。磋：用锉锉平。琢：用刀雕刻。磨：用物磨光。像骨角经过切磋，像玉石经过琢磨。比喻研修学问，砥砺品德。语出《诗经·卫风·淇奥》："有匪君子，如切如磋，如琢如磨。"

shí nián mó yí jiàn 十年磨一剑	用十年时间磨出一把好剑。比喻多年刻苦磨练。语出贾岛《剑客》诗："十年磨一剑，霜刃未曾试。今日把似君，谁为不平事？"
shì rú bīng tàn 势如冰炭	就像冰块和炭火一样。形容两者无法相容。
shū tóng wén，chē tóng guǐ 书同文，车同轨	书同文，指文字体势相同；车同轨，指车轨宽度一样。比喻国家统一。语出《礼记·中庸》："今天下车同轨，书同文，行同伦。"
shuǐ zhǎng chuán gāo 水涨船高	水位升高，船身也随之浮起。比喻事物随着它所凭借的基础的提高而提高。
shùn shuǐ tuī zhōu 顺水推舟	顺着水流的方向推船。比喻顺着某个趋势或某种方便说话办事。
sì tǐ bù qín，wǔ gǔ bù fēn 四体不勤，五谷不分	四体：指人的两手两足；五谷：通常指稻、黍、稷、麦、菽。指不参加劳动，不能分辨五谷。形容脱离农业生产，缺乏相关知识。语出《论语·微子》："子路从而后，遇丈人，以杖荷蓧。子路问曰：'子见夫子乎？'丈人曰：'四体不勤，五谷不分，孰为夫子？'植其杖而芸。"
tā shān zhī shí，kě yǐ gōng yù 他山之石，可以攻玉	攻：琢磨。别的山上的石头，能够用来琢磨玉器。原比喻别国的贤才可为本国效力。后比喻能帮助己方改正过失的人或意见。语出《诗经·小雅·鹤鸣》："他山之石，可以攻玉。"
táo quǎn wǎ jī 陶犬瓦鸡	陶土做的狗，泥土塑的鸡。比喻徒有形式而无实际用处的东西。
tiān yóu jiā cù 添油加醋	比喻叙述事情或转述别人的话时，有所夸大，增添原来没有的内容。
tián yán mì yǔ 甜言蜜语	好像蜜糖一样甜的话。比喻为了欺骗而说得动听的话。

tiě chǔ mó chéng zhēn 铁杵磨成针	杵：舂米或捶衣用的棒。将铁棒磨成细针。比喻只要有恒心，肯努力，做任何事情都能成功。语出《方舆胜览·眉州·磨针溪》："在象耳山下，世传李太白读书山中，未成弃去，过是溪，逢老媪方磨铁杵，问之，曰：'欲作针'太白感其意还，卒业。"
tóng zhōu gòng jì 同舟共济	舟：船；济：渡，过河。乘坐同一条船，共同渡河。比喻同心协力，战胜困难。语出《孙子·九地》："夫吴人与越人相恶也，当其同舟而济，遇风，其相救也如左右手。"
wǎ fǔ léi míng 瓦釜雷鸣	瓦釜：沙锅，比喻庸才。声音低沉的沙锅发出雷鸣般的响声。比喻平庸者占据高位，威风一时。语出屈原《卜居》："黄钟毁弃，瓦釜雷鸣。谗人高张，贤士无名。"
wéi biān sān jué 韦编三绝	编：用熟牛皮绳把竹简编起来；三：概数，表示多次；绝：断。编竹简的牛皮绳断了好几次。比喻读书勤奋。语出《史记·孔子世家》："读《易》，韦编三绝。"
wǔ gǔ fēng dēng 五谷丰登	登：成熟。指年成好，粮食丰收。也作五谷丰熟。
yán méi zhōu jí 盐梅舟楫	盐梅：盐和梅子。盐味咸，梅味酸，均为调味所需。盐和梅调和，舟和楫配合。比喻辅佐的贤臣。
yì fēn gēng yún 一分耕耘， yì fēn shōu huò 一分收获	付出一份劳力就得一分收益。
yì sī bàn sù 一丝半粟	比喻极微小的东西。
yí yè piān zhōu 一叶扁舟	扁舟：小船。如同一片小树叶的小船。形容船小而轻。语出苏轼《前赤壁赋》："驾一叶之扁舟，举匏樽以相属。"
yì zhǐ kōng wén 一纸空文	只是写在纸上而并没有兑现或无法兑现的东西。

yī bù chóng bó 衣不重帛	指不穿丝织品的衣服，以示节俭。后形容节俭。
yī jǐn huánxiāng 衣锦还乡	衣：穿衣。还乡：回家、探亲。古时指做官以后，穿了锦绣的衣服，回到故乡向亲友炫耀。也说衣锦荣归。
yú mù hùn zhū 鱼目混珠	混：搀杂，冒充。拿鱼眼睛冒充珍珠。比喻以假乱真。
zhǎngshàngmíngzhū 掌上明珠	比喻受父母宠爱的儿女，常指女儿。语出傅玄《短歌行》："昔君视我，如掌中珠。何意一朝，弃我沟渠。"
zhēnjiān duì màimáng 针尖对麦芒	芒：某些禾本科植物种子壳上的细刺。比喻双方都很利害，互不相让。
zhōngmíngdǐng shí 钟鸣鼎食	钟：古代乐器；鼎：古代炊器。击钟列鼎而食。旧时形容贵族的豪华排场。语出王勃《滕王阁序》："闾阎扑地，钟鸣鼎食之家"。
zhǐ shang tán bīng 纸上谈兵	在纸面上谈论兵事。比喻空谈理论，不能解决实际问题。也比喻空谈不能成为现实。
zhū lián bì hé 珠联璧合	璧：平圆形中间有孔的玉。珍珠串在一起，美玉结合在一块。比喻优秀的人或美好的事物结合在一起。语出《汉书·律历志上》："日月如合璧，五星如连珠。"
zuòjiǎn zì fù 作茧自缚	蚕吐丝作茧，把自己包裹在里面。比喻做了某件事，结果使自己受困。也比喻自己给自己找麻烦。

《天工开物》小古文选读

《天工开物》是明代科学家宋应星亲身走访南北各地，查阅大量书籍资料后写出的一部优秀科技著作。全书收录了兵器、纺织、染色、制盐、采煤、榨油等多项生产技术，内容丰富。在此，从《天工开物》中选取了若干比较浅显的小古文，以便小学生拓展知识和培养初步的小古文阅读能力，为将来的学习打好基础。

乃粒（nǎi lì）卷

《稻工》原文选摘：

凡稻田刈（yì）获不再种者，土宜本秋耕垦，使宿稿（sù gǎo）化烂，敌粪力一倍。

注释：

刈获：收割后。刈，收割。

宿稿：旧稻茬。

译文：

稻田收割后不再继续耕种，就应该在秋天对田地进行翻耕、开垦，使旧稻茬腐烂在田地里，这样得到的肥效是粪肥的一倍。

《水利》原文选摘：

车身长者二丈，短者半之。其内用龙骨拴串板，关水逆流而上。大抵一人竟日之力灌田五亩，而牛则倍之。

注释：

丈：古代长度单位，现今一丈约等于3.33米。

译文：

水车的车身有两丈长，短的也有一丈长。车内用龙骨将一串串木板拴起，带动水流逆行流动。靠人力操作水车一天大概可以灌溉五亩农田，用牛力拉动水车，一天可灌溉农田十亩。

粹精（cuì jīng）卷

《攻麦》原文选摘：

小麦收获时，束稿击取，如击稻法。其去秕（bǐ）法，北土用扬，盖风扇流传未遍率土也。凡扬不在宇下，必待风至而后为之。

注释：

秕：不饱满的子实。

率土：全国。

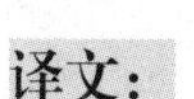

译文：

收获小麦时，徒手握麦秆摔打，使其脱粒，此法和手工脱稻粒一样。去掉不饱满的麦粒，北方采用扬麦的方法，因为风车的使用还没有在全国普及。不能在屋檐下扬麦，一定要等到有风来的时候才能进行。

《攻麻》原文选摘：

凡胡麻刈获，于烈日中晒干，束为小把。两手执把相击，麻粒綻落，承以簟（diàn）席也。

注释：

簟席，竹席。

译文：

芝麻收割后，在太阳底下晒干，扎成小把。两只手各抓起一把相互拍打，芝麻壳就会破裂，芝麻粒也就脱落了，下面用竹席接住。

作咸（zuò xián）卷

《海水盐》原文选摘：

凡海水自具咸质。海滨地高者名潮墩（dūn），下者名草荡，地皆产盐。同一海卤（lǔ）传神，而取法则异。

译文：

海水本来就含盐质。海边地势高的地方为潮墩，地势低的为草荡，这些地方都产盐。同样的海盐虽然都出于海中，但是取盐和制盐的方法不同。

《崖盐》原文选摘：

凡西省阶、凤等州邑，海、井（盐）交穷。其岩穴自生盐，色如红土，恣（zì）人刮取，不假煎炼。

注释：

恣：随意，任意。

不假：不需要。

译文：

陕西的阶州（今甘肃武都）、凤州（今陕西凤县）等地，既无海盐也无井盐。可当地的岩石洞穴里能自行产出颜色如红土一般的盐，人们可以任意从岩洞中刮取食用，不用再通过煎炼。

甘嗜（gān shì）卷

《蔗品》原文选摘：

凡荻（dí）蔗造糖，有凝冰、白霜、红砂三品。糖品之分，分于蔗浆之老嫩。

译文：

用荻蔗作为原料能制作出凝冰糖、白霜糖和红砂糖三种糖。至于糖的种类，是由蔗浆的老嫩程度决定的。

《蜂蜜》原文选摘：

凡蜜无定色，或青或白，或黄或褐，皆随方土、花性而变。

译文：

蜂蜜的颜色不是固定的，有的发青有的发白，有的发黄或是呈现褐色，颜色都是随着各地花的不同而变化的。

膏液（gāo yè）卷

《油品》原文选摘：

凡油供馔（zhuàn）食用者，胡麻（一名脂麻）、莱菔（fú）子、黄豆、菘（sōng）菜子（一名白菜）为上。

注释：

馔：饭食。

莱菔：即萝卜。

菘菜：即白菜。

译文：

食用的油，主要以芝麻（也叫脂麻）、萝卜子、黄豆和菘菜子（也叫白菜子）榨的油为最佳。

乃服（nǎi fú）卷

《种类》原文选摘：

凡蚕有早、晚二种。晚种每年先早种五、六日出（川中者不同），结茧亦在先，其茧较轻三分之一。

注释：

早蚕：即一年孵化一次的蚕。

晚蚕：即一年孵化两次的蚕。

译文：

蚕有早蚕和晚蚕之分。晚蚕每年会比早蚕提前五六天孵化（四川的蚕与其他地方不同），晚蚕还会比早蚕先结茧，但结出的茧会比早蚕的茧轻三分之一。

《择茧》原文选摘：

凡取丝必用圆正独蚕茧，则绪不乱。若双茧并四、五蚕共为茧，择去取绵用。

译文：

缫丝时一定要选择圆润端正的单茧，这样后期缫丝时丝绪就不会乱。如果有两个蚕结成的双茧或是五六个蚕共结出的茧，可以选出来做丝绵用。

《治丝》原文选摘：

凡茧滚沸时，以竹签拨动水面，丝绪自见。提绪入手，引入竹针眼，先绕星丁头（以竹棍作成，如香筒样），然后由送丝竿勾挂，以登大关车。

注释：

竹针眼：用来聚集多个蚕茧绪的小孔。

星丁头：即用来导丝的滑轮。

译文：

当蚕茧在沸水中来回滚动时，用竹签轻轻拨动水面，就能看见丝绪了。手拿着丝绪穿过竹针眼后，将丝绕过用竹棍做成的香筒状的星丁头，然后再将丝挂在送丝竿上，最后连接到大关车上。

《腰机式》原文选摘：

织匠以熟皮一方置坐下，其力全在腰、尻（kāo）之上，故名腰机。

注释：

腰尻：腰部和臀部。尻：屁股。

译文：

织布工匠用一块熟皮当靠背，操作机器生产时，力量全都来自腰部和臀部，所以这种机器叫作腰机。

《龙袍》原文选摘：

凡上供龙袍，我朝局在苏、杭。其花楼高一丈五尺，能手两人扳提花本，织过数寸即换龙形。

注释：

尺：长度单位，今一尺约等于 33 厘米。

寸：长度单位，今一寸约等于 3.33 厘米。

译文：

为了给皇帝织造龙袍，我朝在苏州、杭州设立了织造局。织造龙袍的织机的花楼高有一丈五尺，两名提花工匠拿着花样坐在花楼上提花，每织完几寸就变换着织另一部分龙形图案。

彰施（zhāng shī）卷

《蓝淀》原文选摘：

凡造淀，叶与茎多者入窖，少者入桶与缸。水浸七日，其汁自来。

译文：

制造蓝淀，如果蓝草的叶和茎很多的话，就放在窖里，少的放进桶里或缸里。用水浸泡七天，蓝色汁液自然就流出来了。

《槐花》原文选摘：

凡槐树十余年后方生花实。花初试未开者曰槐蕊，绿衣所需，犹红花之成红也。

译文：

槐树生长十几年后才能开花结出果实。还未开放的花苞叫槐蕊，把衣服染成绿色需用它，就像用红花能染红色一样。

舟车（zhōu chē）卷

《车》原文选摘：

凡骡车之制有四轮者，有双轮者，其上承载支架，皆从轴上穿斗而起。四轮者前后各横轴一根，轴上短柱起架直梁，梁上载（车）箱。

译文：

骡车的形制有四轮和双轮之分，车上承载的支架都是从车轴那里穿孔连接上的。四轮马车前后各安装一根横轴，轴上的短柱架设着纵梁，在梁上安装车厢。

杀青（shā qīng）卷

《造竹纸》原文选摘：

凡造竹纸，事出南方，而闽（mǐn）省独专其盛。当笋生之后，看视山窝深浅，其竹以将生枝叶者为上料。

注释：

闽：福建省的简称。

译文：

竹纸是南方制造的，其中又唯独以福建省生产的最多。当竹笋长出来后，观察山沟里竹林的长势，即将生长出枝叶的嫩竹是造纸的上等材料。

丹青（dān qīng）卷

《墨》原文选摘：

凡墨烧烟凝质而为之。取桐油、清油、猪油烟为者，居十之一。取松烟为者，居十之九。

注释：

清油：菜籽油。

译文：

墨是用物质烧完后凝聚的烟灰制作的。用桐油、菜籽油、猪油燃烧后凝成的烟灰制成的墨，占据了十分之一。用松树燃烧后凝成的黑灰做成的墨，占据了十分之九。

陶埏（táo shān）卷

《瓦》原文选摘：

凡坯（pī）既成，干燥之后则堆积窑中，燃薪举火。或一昼夜或二昼夜，视窑中多少为熄火久暂。

注释：

薪：木柴。

译文：

瓦坯做成待其干燥后，就堆积在窑中，点燃柴火。有时烧上一天一夜，有时烧上两天两夜，根据窑中瓦坯的多少来决定烧火的时间。

《砖》原文选摘：

造方墁(màn)砖，泥入方框中，平板盖面，两人足立其上，研转而坚固之，烧成效用。石工磨斫（ zhuó ）四沿，然后甃（ zhòu ）地。

注释：

斫：用刀斧砍。

甃：用砖砌（井、池子等）。

译文：

制造方墁转时，将泥放入方形木框中，将一块平板盖在上面，两个人站在上面来回踩踏，将泥踩踏坚固，烧成后就可以用了。石工将砖的四周边沿打磨好后，就可以铺砌地面了。

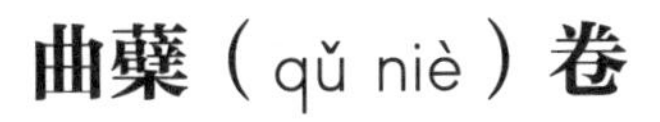

曲蘖（ qǔ niè ）卷

《酒母》原文选摘：

凡酿酒，必资曲药成信。无曲即佳米珍黍（ shǔ ），空造不成。古来曲造酒，蘖造醴(lǐ)。后世厌醴味薄，遂至失传，则并蘖法亦亡。

注释：

黍：一种粮食作物，俗称黄米，性黏，可酿酒。

蘖：酿酒的曲。

醴：甜酒。

译文：

酿酒必需要有酒曲作为引子。没有酒曲，就算有上好的米珍贵的黍米，也酿不了酒。古时候酿的酒，是用蘖曲酿造的甜酒。后来人们嫌甜酒的味道浅淡，便不再酿这种酒，用蘖曲酿酒的技术也就渐渐失传了。

珠玉（zhū yù）卷

《珠》原文选摘：

凡蚌孕珠，即千仞水底，一逢圆月中天，即开甲仰照，取月精以成其魄。

译文：

蚌在很深的水底孕育珍珠，每逢圆月当空之时，蚌就会开壳接受月光的照耀，吸取月之精华，化成珍珠。

五金（wǔ jīn）卷

《黄金》原文选摘：

山石中所出，大者名马蹄金，中者名橄榄金、带胯（kuà）金，小者名瓜子金。水沙中所出，大者名狗头金，小者名麸（fū）麦金、糠金。平地

掘井得者名面沙金，大者名豆粒金。皆待先淘洗后、冶炼而成颗块。

译文：

从山石中开采到的金，块头大的叫马蹄金，中等大小的叫橄榄金、带胯金，比较小的叫瓜子金。从水沙中淘出的金，大的叫狗头金，小的叫麸麦金、糠金。在平地上打井获得的金叫面沙金，大的叫豆粒金。这些金全都需要经过淘洗、冶炼后才能成粒成块。

锤锻（chuí duàn）卷

《治铁》原文选摘：

凡出炉熟铁名曰毛铁。受锻之时，十耗其三为铁华、铁落。若已成废器未锈烂者，名曰劳铁。

注释：

劳铁：废铁。

译文：

刚出炉的熟铁叫做毛铁。锻造毛铁时会有十分之三的损耗，变成了铁花、铁滓（zǐ）。已经废弃但还没有生锈腐烂的铁，叫做劳铁。

《锯》原文选摘：

凡锯熟铁锻成薄条，不钢，亦不淬（cuì）健。出火退烧后，频加冷锤坚性，用锉（cuō）开齿。

注释：

淬：淬火，将工件用高温加热后，再用水或其他物质使其急速冷却，并使工件变得坚硬，这一过程称之为“淬火”。

译文：

打造锯片时，先将熟铁锻造成薄铁条，锻造时既不用往里面加钢也不用淬火。等到薄铁条烧红再冷却后，再用锤子捶打增强薄铁条的坚韧程度，之后用锉刀开齿。

冶铸（yě zhù）卷

《炮》原文选摘：

凡铸炮西洋红夷、佛郎机等用熟铜造，信炮、短提铳（chòng）等用生、熟铜兼半造，襄阳、盏口、大将军、二将军等用铁造。

注释：

西洋红夷、佛郎机：明代时从欧洲传来的炮名。红夷即荷兰，佛郎机即葡萄牙。

熟铜：铜合金或可用于锻造的铜。

短提铳：明代一种手持的枪

襄阳、盏口、大将军、二将军：明代四口大炮的名称。

译文：

西洋红夷、佛郎机等西洋炮是用熟铜锻造的，信炮、短提铳是用生铜、熟铜各一半铸造的，襄阳、盏口、大将军、二将军四口大炮是用铁铸造的。

燔石（fán shí）卷

《石灰》原文选摘：

凡石灰经火焚炼为用。成质之后，入水永劫不坏。亿万舟楫（jí），亿万垣（yuán）墙，窒缝防淫是必由之。

注释：

舟楫：船和桨，这里指船只。

垣：城，墙。

译文：

石灰是焚烧石灰石后得到的。石灰凝固之后，遇到水也久久不会被破坏。无数的船只、城墙，凡是有裂缝之处必然用石灰填补上才能防水。

佳兵（jiā bīng）卷

《弩》原文选摘：

凡弩（nǔ）为守营兵器，不利行阵。直者名身，衡者名翼，弩牙发弦者名机。

译文：

弩是守卫营地用的兵器，不便在行军作战中使用。弩上直的部位是弩身，横的部位是弩翼，钩弦发箭的部位是弩机。

《火药料》原文选摘：

凡火药以硝（xiāo）石、硫黄为主，草木灰为辅。

注释：

硝石：即硝酸钾又叫“火硝”，是一种矿物，也是制作火药、炸药原料之一。

草木灰：植物燃烧后的灰烬，这里是指木炭。

译文：

制作火药的原料以硝石、硫磺为主，木炭为辅。

《硝石》原文选摘：

硝质与盐同母，大地之下潮气蒸成，现于地面。近水而土薄者成盐，近山而土厚者成硝。以其入水即消溶，故名为消。

译文：

从本质上来说，硝石与盐都是盐类，都是伴随大地之下的水汽蒸发而出现在了地面上。靠近水土层薄的地方就形成盐，靠近山土层厚的地方形成硝。因为硝石一放入水中就会消溶，因此也叫“消石”。

《干》原文选摘：

凡“干戈”名最古，干与戈相连得名者，后世战卒短兵驰骑者更用之。

注释：

干戈：干，盾牌，一种防护兵器。戈，杆端安装横刀的古代冷兵器。

译文：

“干戈”这个词很早以前就有了，因干与戈相连成了一个词汇而得名，这是因为在后世战争中，士兵手持短兵器骑马作战，经常要将两种兵器配合起来使用。

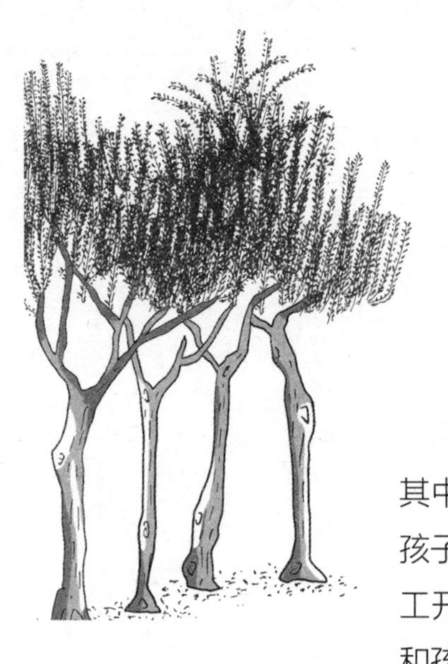

好玩有趣的亲子活动

《天工开物》是一部优秀的中国古代科技著作，其中传播了丰富的科学知识和科学思想。为了激发孩子的学习兴趣，寓教于乐，在此集合了一些和《天工开物》有关的，好玩有趣的亲子活动，便于家长和孩子一起动脑动手，感受科技的魅力！

自己培育出来的“水晶”

母亲节快来临时，你会不会拿出平时积攒的零花钱准备送妈妈礼物了呢？其实，买来的礼物并不一定是最好的选择。和爸爸一起，亲手为妈妈制作一份礼物，妈妈会更高兴。让我们动手培育一块“水晶”吧！

准备材料和工具：

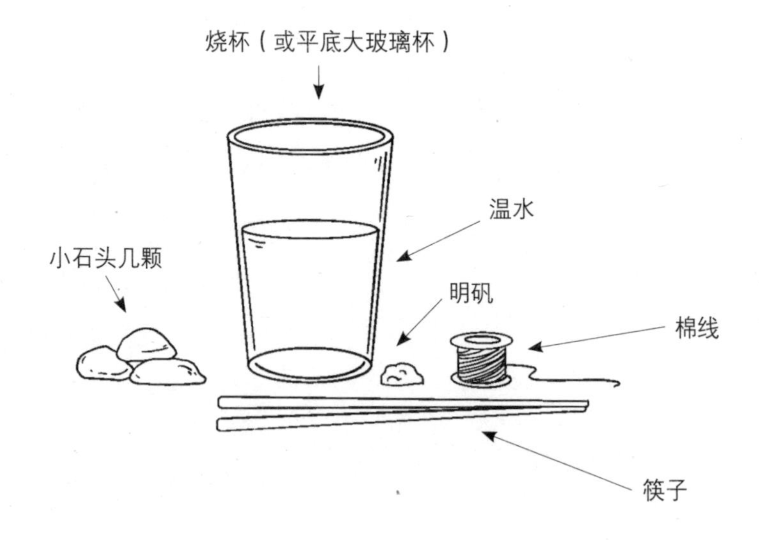

制作步骤：

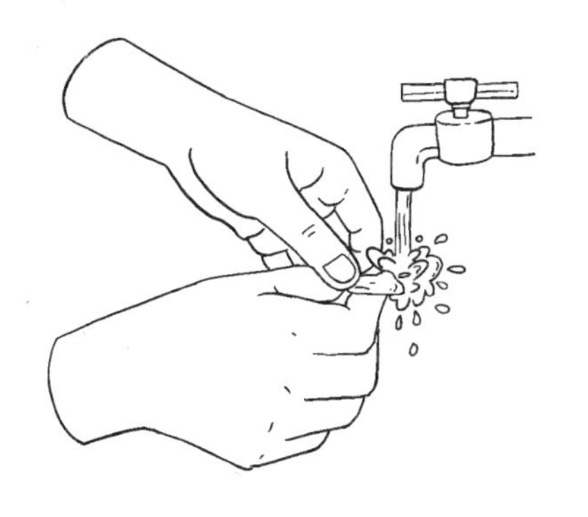

1. 在水龙头下将小石子清洗干净。

2. 在杯中放入温水，水位约达到杯身的三分之二，戴上一次性手套，将明矾加入杯中。

3. 不停地向杯中加入明矾，并用筷子搅拌，直到杯底出现难以溶解的沉淀为止。

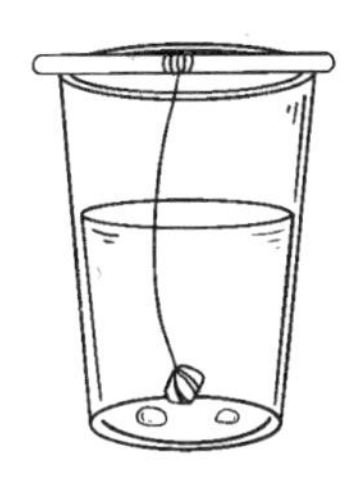

4. 用线绑住一块小石头，线的一端系在筷子上，将石头沉入杯中，如图所示。

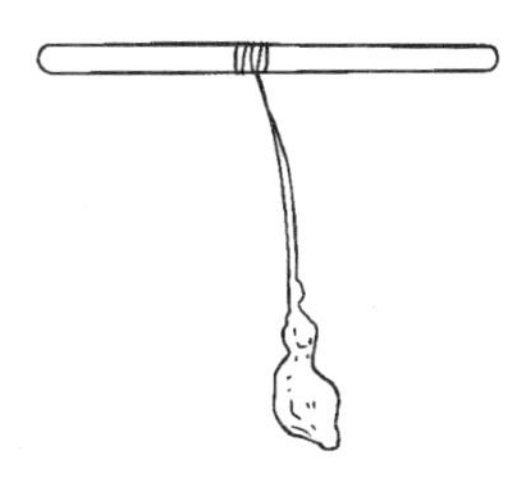

5 将杯子移到一个温暖的地方，放置一周，其间常常向杯中加入一些明矾。之后你就可以看到一些晶体了。待五周左右，我们就会得到大块的“水晶”。

安全小贴士

明矾，学名硫酸铝钾。无色结晶或粉末，无气味。它在干燥空气中风化失去水而结晶，在潮湿空气中溶化淌水。※ **需要特殊注意的是，明矾是一种具有一定危害的物质。在亲子手工制作过程中，请家长戴上手套操作，并且一定要看管和叮嘱儿童不要误食或误触明矾。**

神奇的水上指南针

指南针是我国的四大发明之一，最早的指南针叫作“司南”，主要应用于定向、祭祀和风水等方面。随着科技进步，指南针的研制也更加精良，被广泛应用于军事、航海当中。

小小的指南针，其实并不神秘，让我们一起来动手做一做吧！

准备材料和工具：

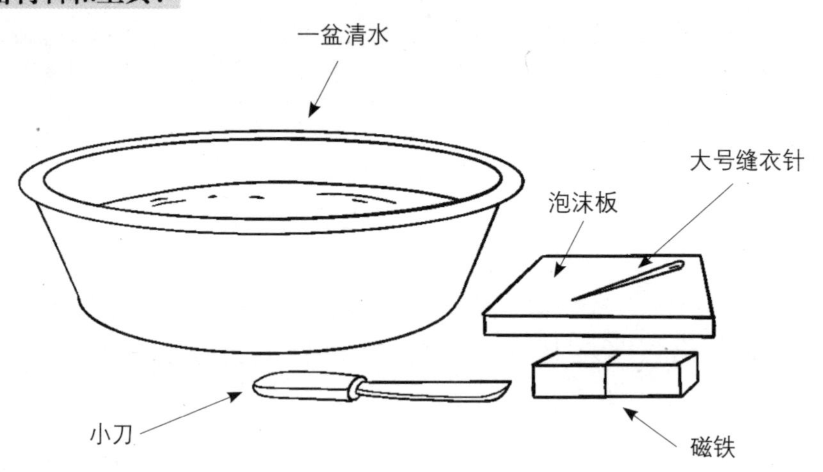

制作步骤：

1. 用磁铁由针孔向针尖方向摩擦缝衣针，反复几十次，使缝衣针磁化，成为小磁针。

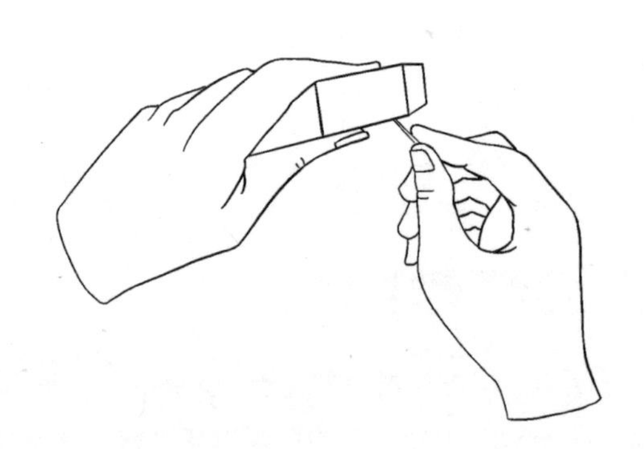

安全小贴士

※ 此项亲子手工制作中，含有针、小刀等具有一定危险性的工具，制作过程请由家长来完成，操作时要小心，避免被扎伤。

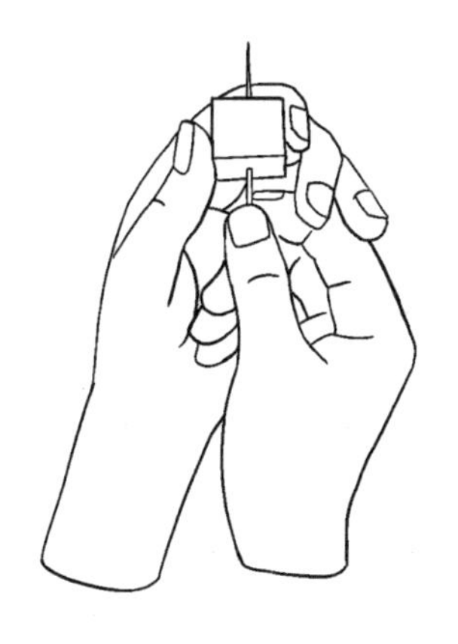

2. 将小磁针插在提前切好的一小块泡沫上。

3. 在盆中盛满水，将带有小磁针的泡沫放进去。这时小磁针就会转动起来，待小磁针静止后，针尖就会指向北方。

科技小百科

中国最早的指南针

早在战国时代，我国古代人民就利用磁铁制造出了世界上最早的指南针——司南。研究表明，司南是用天然磁石制成的，形状像一柄汤勺。它的底部是圆的，可以放在平滑的“底盘”上并保持平衡。当它在“底盘上”旋转过后静止下来时，勺柄便会指向南方。司南是祖先智慧的结晶，也是我国古代四大发明之一。

指南针的指向原理

地球是个大磁体，其地磁南极在地理北极附近，地磁北极在地理南极附近。由于指南针在地球的磁场中受磁场力的作用，所以会一端指南一端指北。

磁　化

磁化是指使原来不具有磁性的物质获得磁性的过程。一些物体在磁体或电流的作用下会获得磁性，这种现象便叫作磁化。磁化的方法：用磁体的南极或北极，沿可磁化的物体向一个方向摩擦几次。

做孔明灯其实很简单

夏季的傍晚，我们外出在空地上散步的时候，常常会遇到三三两两放孔明灯的人。孔明灯缓缓升上天空时，看起来神秘又壮观。你想不想试试亲手放飞一盏属于自己的孔明灯呢？让我们一起来制作一个吧。

准备材料和工具：

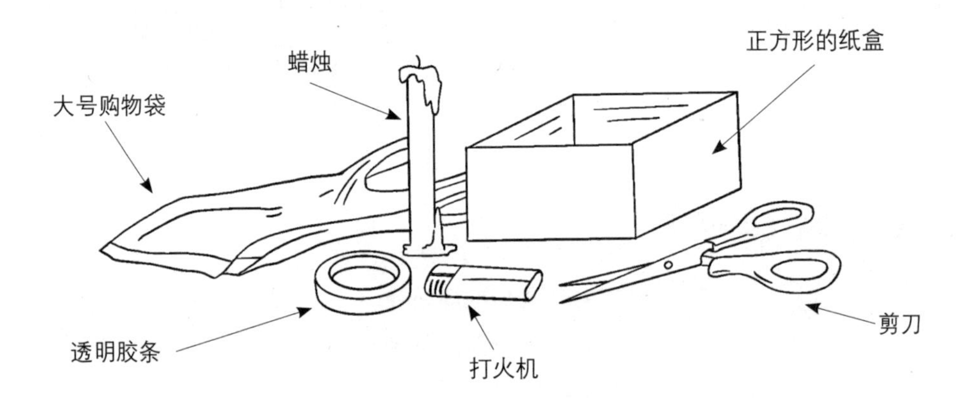

制作步骤：

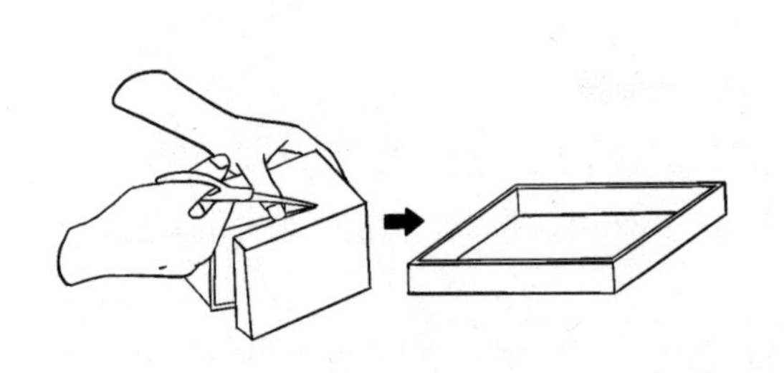

1. 将纸盒剪去四分之三，保留底部。

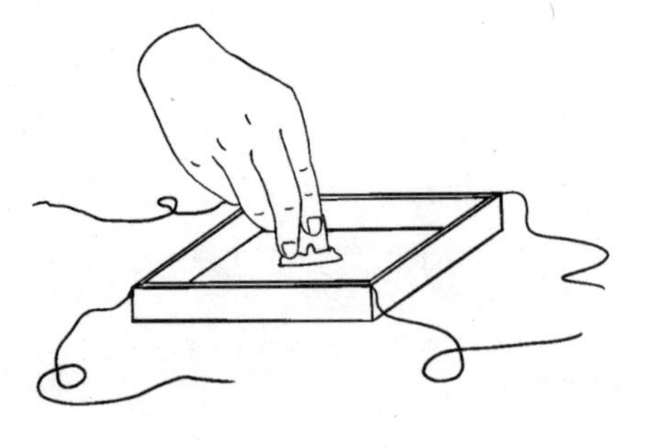

2. 用小锥子在纸盒的四条棱上分别扎个洞，并将准备好的线从洞中穿过来。再将一节极短的蜡烛头固定在盒子正中央。

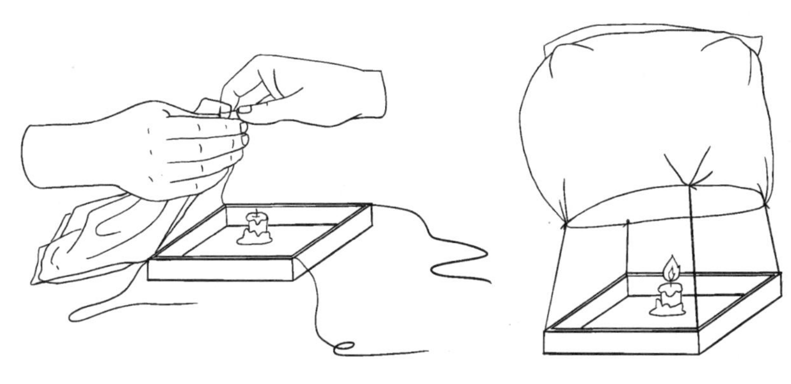

3. 将大号购物袋的提手部分剪去，然后用线将它和盒子连接起来，调整好平衡。

4. 找一处空旷的场所，将塑料袋提起，点燃蜡烛，孔明灯就可以缓缓升上天去。出于安全考虑，我们选了极短的蜡烛，不一会儿蜡烛就会熄灭，孔明灯就会落下来。

安全小贴士

※ 燃放孔明灯需要遵守地方相关法律法规，要在不被禁止的、空旷的场地进行燃放。未成年人需要在家长陪同下燃放，燃放后尽量收回孔明灯，以免引发火灾。

科技小百科

孔明灯的来历

孔明灯，相传是由三国时期的诸葛孔明也就是诸葛亮发明的。在当时的战争中，诸葛亮制成会飘浮的纸灯笼，发出求救讯号，脱离了困境。这段佳话流传后世，人们就称这种灯笼为孔明灯。

孔明灯原理

孔明灯可以升空的原因是：燃料燃烧使周围的空气温度升高，密度减小，从而排出孔明灯中的空气，使自身重力变小。空气对它产生浮力，于是把它托了起来。

燃放方法

选择晴朗无风的夜晚，一个人拿住灯底的左右侧，另一个人用酒精将脱脂棉浸透后点燃，直到双手感到孔明灯有上升之势，即慢慢放开双手，孔明灯便会冉冉上升。其上升高度可达 1000 米左右。

自己动手来造纸

纸是我们学习生活中的必需品，我们每天写字、画画都要用到它。但是你知道吗，造纸要消耗许多树木，所以我们应该尽量节约用纸，做到充分利用。使用再生纸就是很好的习惯，那么你知道再生纸是怎么生产出来的吗？让我们一起来模拟一下再生纸的制作过程吧。

准备材料和工具：

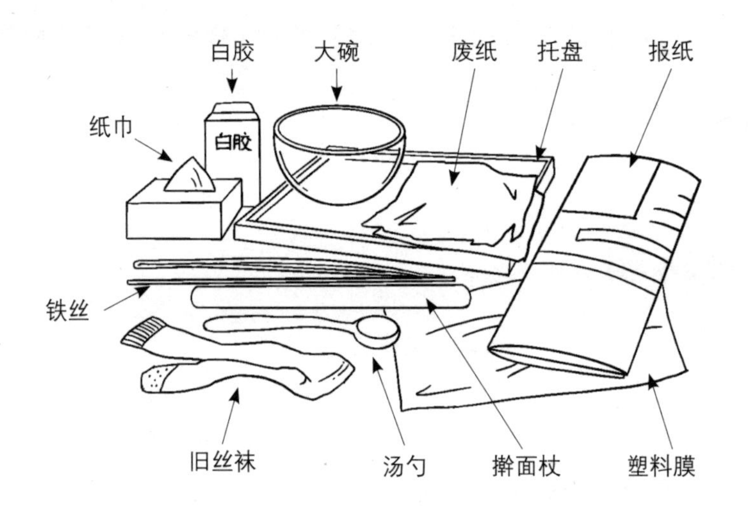

制作步骤：

1. 将写过字或者画过画的废纸撕成小碎片，放在大碗里。

2. 向碗中加水，确保水位没过纸片，浸泡一小时。一小时后，加入一勺白胶。

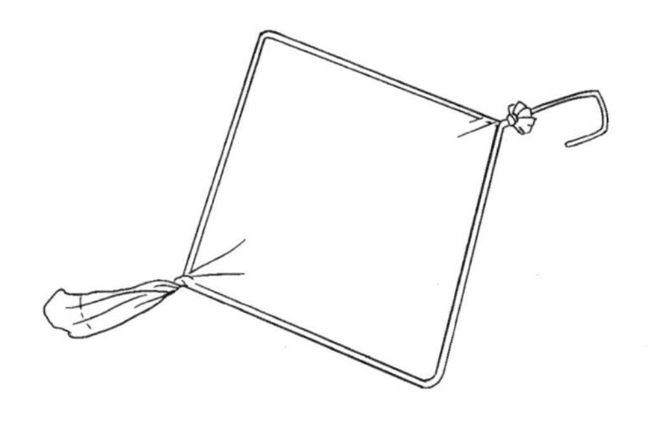

3. 在等待的时候，将铁丝扭成正方形，随后将一只旧丝袜套在这个正方形上，制成一个筛网备用。在大托盘上面铺上几层报纸和纸巾以备用（**※ 注意：铁丝的两端比较坚韧锋利，将铁丝弯曲成正方形的操作过程具有一定危险性，操作时要小心，此步骤要由家长来帮助孩子完成**）。

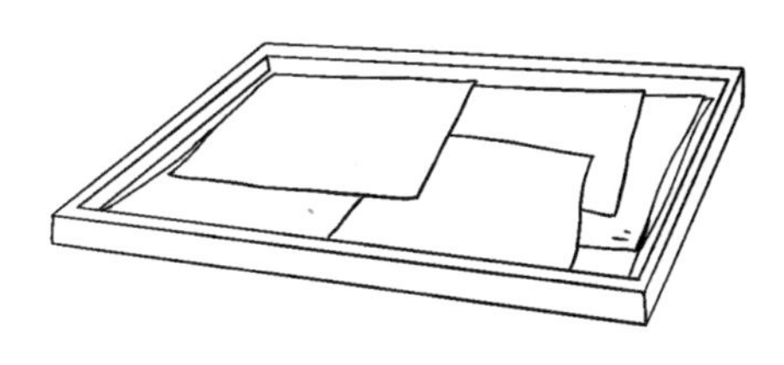

4. 将纸片掰得更碎一些，等待 10 分钟，碗中混合物会变得浓稠。然后不断地搅拌它们，直至完全均匀。

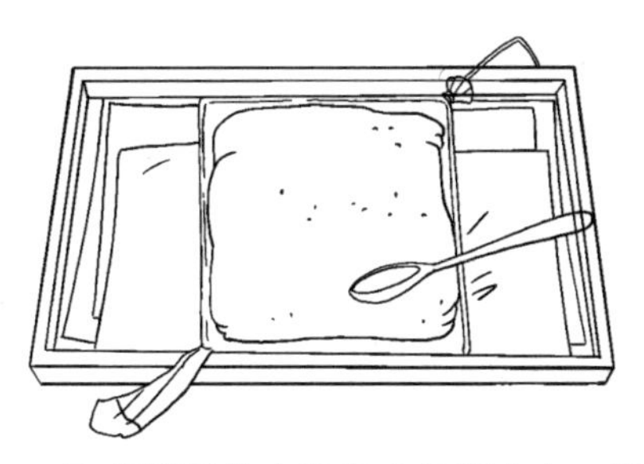

5. 将筛网放在托盘内的纸巾上，接着用汤勺将做好的混合物均匀地铺在筛网上。

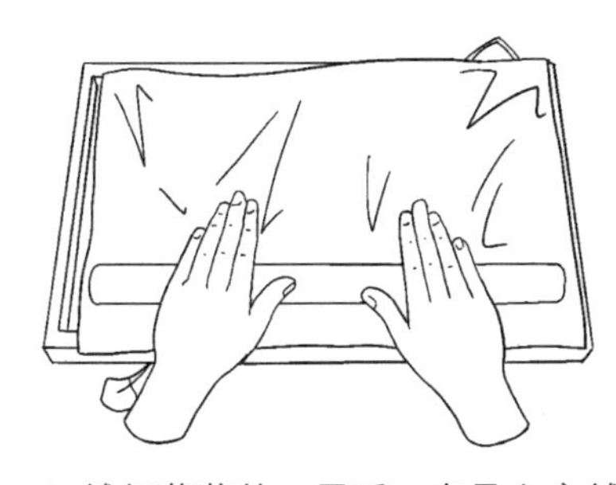

6. 铺好薄薄的一层后，在最上方铺一层塑料膜，用擀面杖在上面来回滚动。这样可以挤出多余的水分，也可以使纸浆更平整。

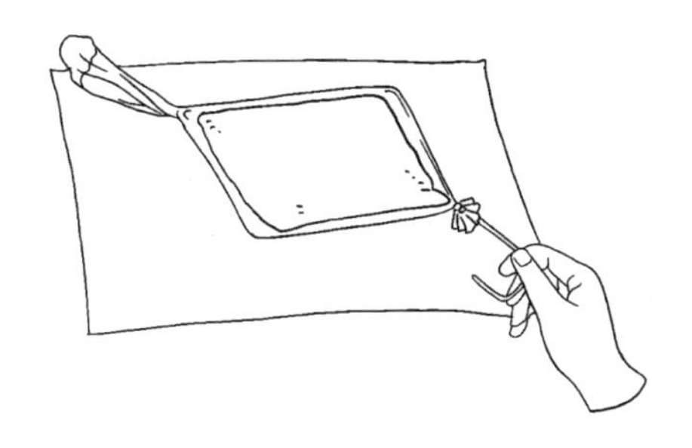

7. 将塑胶膜取下，筛网移到平整、干燥的地方去，让它慢慢地晾干。两天后，当纸浆完全干燥，一张独一无二的再生纸就做好了。

科技小百科

再生纸的神秘力量

再生纸是完全以废纸为原料，经过分类、净化、打浆等十几道工序，重新加工出来的纸张。别看它的原料不精细，但使用效果却并不比一般的纸张差。更为神奇的是，由于再生纸不添加增白剂，颜色柔和，对保护视力非常有利。由此可见，使用再生纸，既对健康有利，又为环保做出了贡献，真是一个正确的选择。

用植物染颜色

五颜六色的鲜花不仅令人赏心悦目，还可以当作染料，为衣物染上你喜欢的颜色。鲜花一旦采摘下来很快就面临枯萎，但我们可以想办法让它继续留在我们的身边。让我们一起动手试一试吧，也许你不光能留下鲜花艳丽的色彩，还能留下它沁人心脾的香气。

准备材料和工具：

制作步骤：

1. 将白色（不含荧光剂）丝巾放入盛有清水的盆中，浸泡 10 分钟后，捞出拧干备用。

2. 玫瑰花的花瓣摘下，放入无纺布袋中，系紧袋口。

3. 在一个干净盆中，倒入两升清水，并加入一升白醋。在植物染中，白醋相当于“媒染剂”起到固色的作用。

4. 将装满花瓣的无纺布口袋放入盆中，使劲揉搓花瓣，让花瓣中的红色素释放出来，溶于水中，直至盆中水的颜色变得深红。

5. 将白色丝巾放入水盆中浸泡，水温保持在 45℃上色更好。

6. 浸泡 30 分钟后，再用清水投洗一遍丝巾，晾干后就得到一条用花瓣染色的丝巾了。

做一支漂亮的彩色蜡烛

停电的晚上，几乎家家户户都要点蜡烛。但是超市里买来的白蜡烛太单调了，有没有什么方法可以让它来个大变身呢？当然，简单几步，就可以让白蜡烛变得更漂亮，让我们动手试一试吧。也许停电的时候，它会为你的家增添一份快乐呢。

准备材料和工具：

（※ 安全提示：此项手工制作，涉及刀具、电器等具有一定危险性的器具，且熔化后的蜡液温度较高，也容易发生烫伤。整个制作过程要由家长操作，孩子在旁观看或者孩子在家长的陪伴下进行操作）

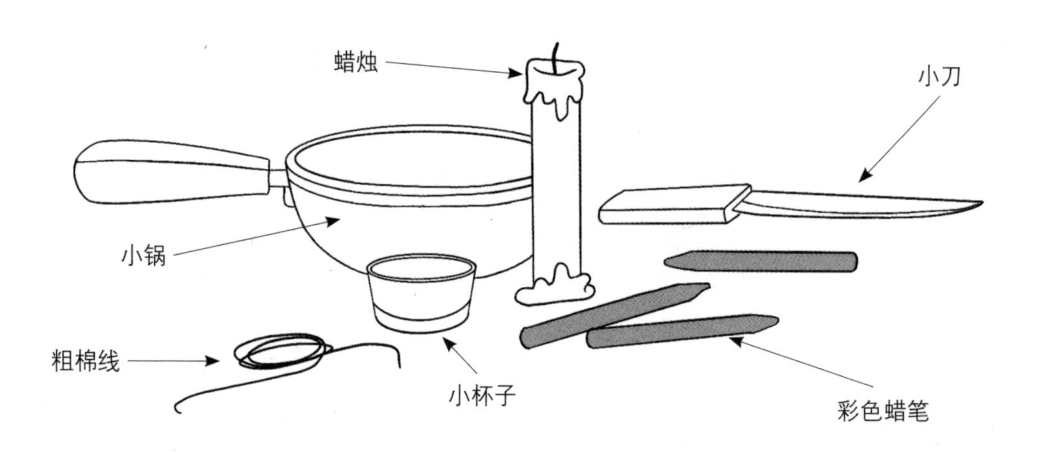

制作步骤：

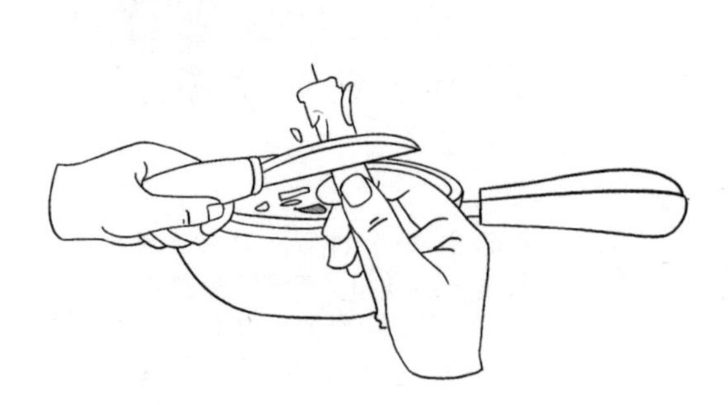

1. 将蜡烛和彩色蜡笔小心地削成碎末，放入小锅中。

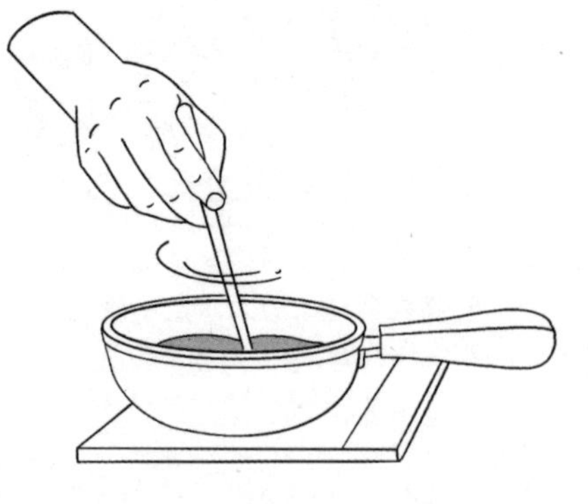

2. 将小锅放在电磁炉上加热，并用筷子将蜡液搅拌均匀（要注意安全，可以在家长的陪同下操作）。

3. 手拿着一段粗棉线，将它置于小杯子正中。随后将蜡液倒入杯子中。

4. 当蜡烛冷却后，小心地从杯子中倒出来，普通的白蜡烛就变成了一个漂亮的彩色蜡烛。

科技小百科

蜡烛的起源

现代人普遍认为蜡烛起源于原始时代的火把。原始人把脂肪或者蜡一类的东西涂在树皮或木片上，捆扎在一起，做成了照明用的火把。也有传说在先秦时期，有人把艾蒿和芦苇扎成一束，然后蘸上一些油脂点燃作照明用，后来又有人把一根空心的芦苇用布缠上，里面灌上蜜蜡。这些照明工具都可以看作是蜡烛的前身。

明亮的火焰

蜡烛的火焰分为三部分——外焰、内焰和焰心。外焰温度最高，而焰心温度最低亮度最大。

为什么要用蜡笔染色？

在这个小发明中，蜡笔的加入让蜡烛的颜色发生了极大的改变。你有没有想过，我们为什么用蜡笔而不是其它颜料呢？因为一般水性的燃料很难和蜡烛完全融合，而蜡笔则与蜡烛的性质相同，可以很好地使颜色融合。

试试用牛奶盒制作小船

生活中处处有新意，只要一点小小的想法，你就会有意外的收获。比如每天早餐剩下的牛奶盒，除了被当做垃圾扔掉，还能做什么呢？其实一点也不麻烦，让我们一起来用牛奶盒做个会航行的小船吧。

准备材料和工具：

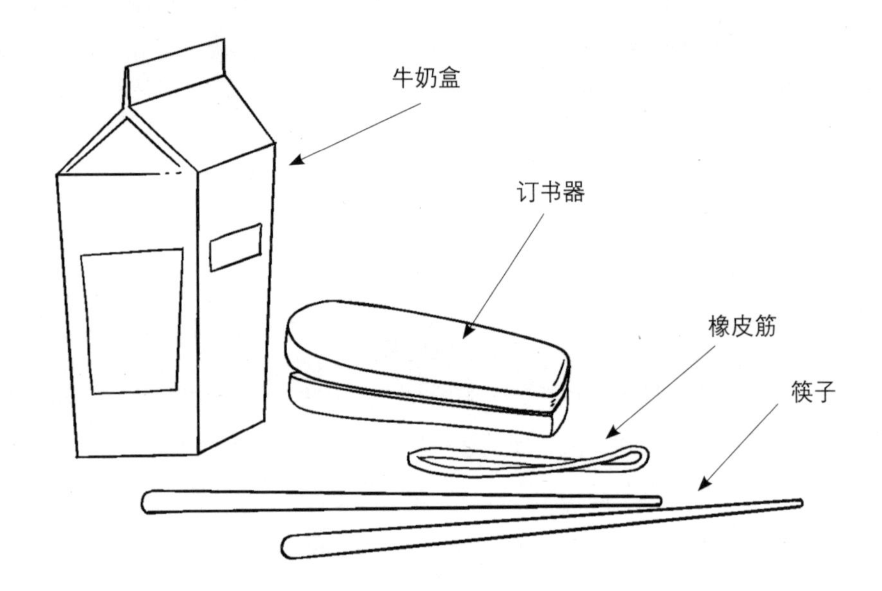

制作步骤：

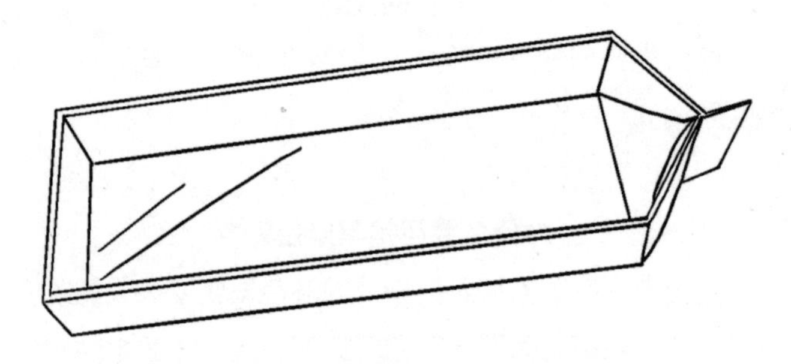

1. 将牛奶盒从中间部分剪开，一部分留作船身。

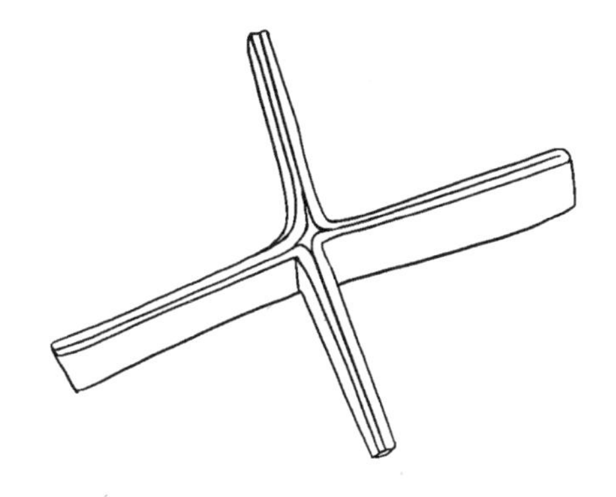

2. 从另外半个牛奶盒上剪下一个长条，借助订书器，制成一个螺旋桨。

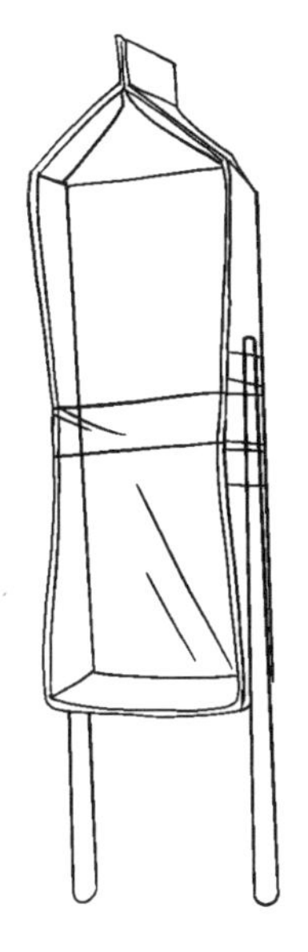

3. 将两根筷子用胶带牢牢粘在“船身”两侧。

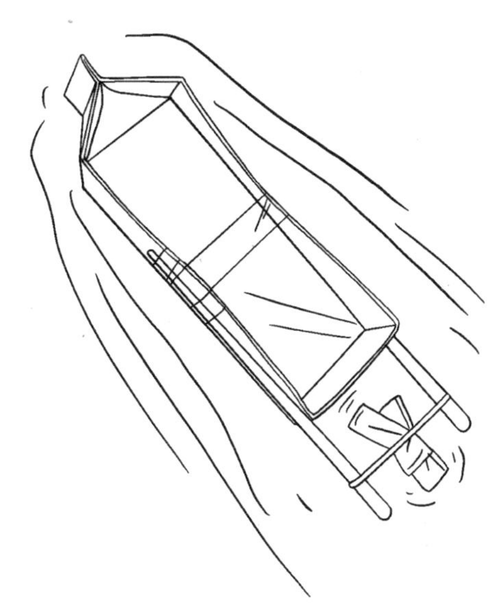

4. 将皮筋和螺旋桨固定在一起，绕在筷子尾端，小船就做好了。只要拨动螺旋桨，小船就会前进，将它放下水试一试吧。

科技小百科

蕴含能量的螺旋桨

在我们的小发明中，当螺旋桨在水中旋转时，它产生的推动力，便可以使小船在水中航行。在实际生活中，螺旋桨的用途也是很广泛的。由于螺旋桨工作时能产生极大的能量，常被用作飞机和轮船的推进器。

躬身学养蚕

相传四千多年以前我们的先辈就开始养蚕了，蚕丝是丝绸的主要材料来源。一个生命从诞生到成长的过程中，总会充满各种各样的阻碍和困扰，让我们一起培育蚕宝宝，解决其间遇到的问题，感受生命的顽强与旺盛吧！

准备材料和工具：

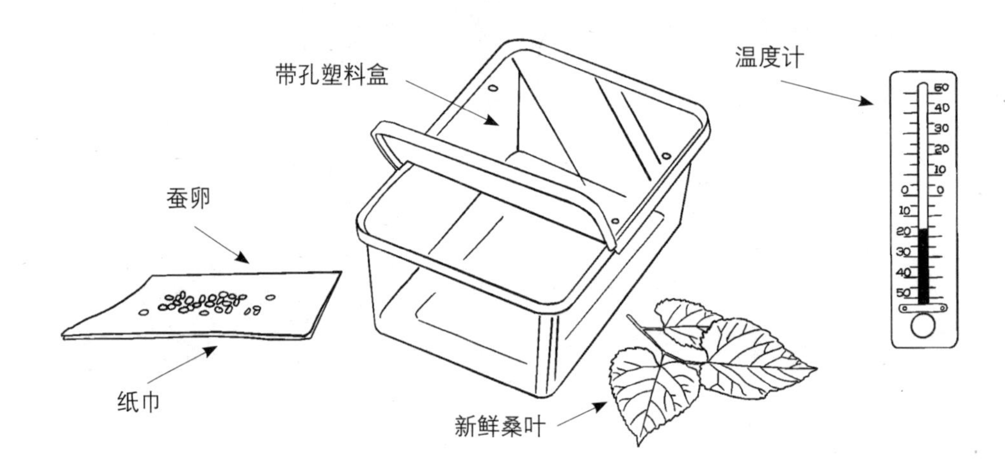

制作步骤：

1. 找来一个干净带盖带有透气孔的塑料盒作为养蚕盒。将干净柔润的纸巾铺在蚕盒底部，将买来的蚕种，放在纸巾上，然后盖上盖子。

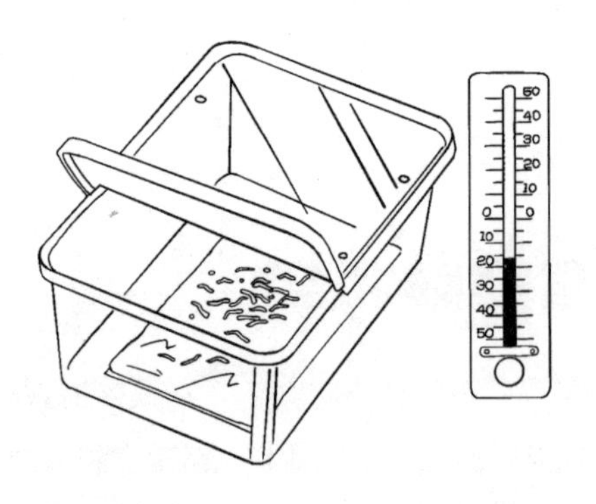

2. 将蚕盒放置在 20—30℃的环境中，期间不能晒太阳和碰到水。1—2 周内，蚕盒里的蚕种陆续自然孵化成蚁蚕。此时可以将蚁蚕小心转移到更大的蚕盒中，注意室内温度不要超过 30℃。

3. 蚁蚕大概在出壳后 40 分钟就会有食欲，此时可以用剪刀将鲜嫩桑叶剪成小块放进蚕盒。蚕宝宝会主动爬到桑叶上进食。蚕适宜在 22—29℃的环境中生长，喂食的时间可选在上午或中午进行，一天喂养两次。

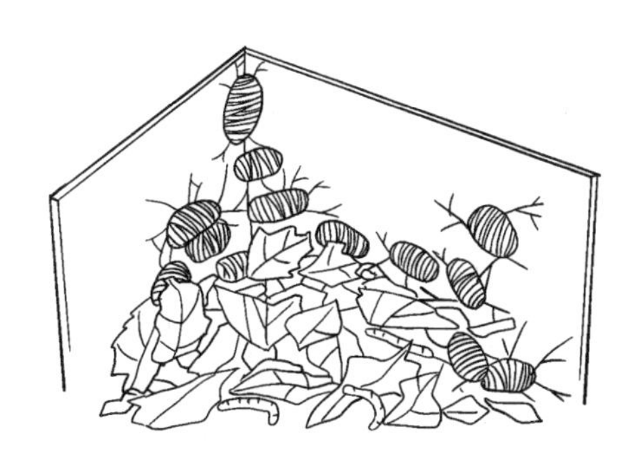

4. 蚕宝宝越长越大，食物量也逐渐增加，需要为其补充大量的新鲜桑叶。大概喂养 25 日，蚕宝宝开始在蚕盒中吐丝结茧了。

知识小百科

蚕宝宝的一生

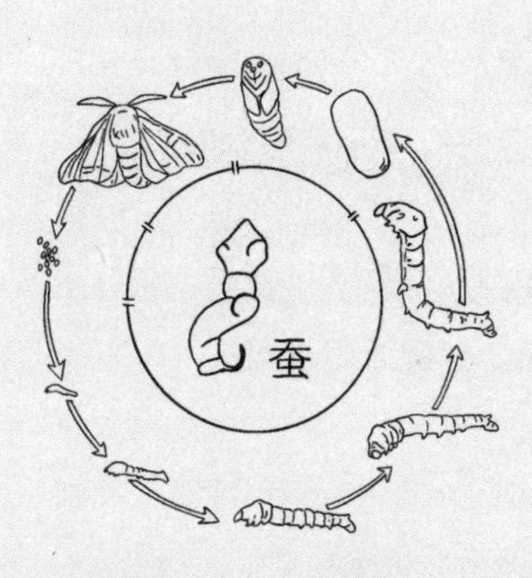

家蚕属于完全变态昆虫，它的一生依次经历蚕卵、幼虫、蚕蛹和蚕蛾四个阶段，期间还要经历四次蜕皮。

1. 刚从圆圆的受精卵中孵化出的蚕宝宝像蚂蚁一样又黑又小，所以叫做“蚁蚕”，此时它们是一龄蚕，长度约在 0.3—0.8 厘米。

2. 喂养蚁蚕 3—5 日后，其长度会长到 0.8—1.0 厘米，并开始第一次蜕皮。蜕皮之后的蚕宝宝的颜色变白了许多，此时它们是二龄蚕，胃口变大越来越能吃，就连便便也变大了。

3. 二龄蚕喂养 3—5 日后会经历一次蜕皮，此时它们是三龄蚕。三龄蚕的长度在 1.5—2.2 厘米。

4. 三龄蚕每天能吃掉许多桑叶。吃饱之后的蚕白白胖胖，懒洋洋的扭动身体。继续喂养 5—8 日后，就是四龄蚕，其长度在 2.2—4.5 厘米。

5. 四龄蚕喂养四五天后，就是五龄蚕，身长在 4.5—7.8 厘米，再继续喂养七八天后，蚕就开始吐丝结茧，变成蚕蛹，并在茧中完成最后一次蜕皮。

蚕蛹大概需要 10 天时间才能羽化成蛾，破茧而出。破茧后，雌蛾尾部释放出气味吸引雄蛾来交配。交尾后，雌蛾约在 4—5 小时内，产下几百个蚕卵，繁衍出了很多“下一代”。至此蚕蛾们完成了它们的使命，之后就慢慢死去了。

养蚕讲学问

蚕浴：

古时候人们养蚕，会先对蚕种进行蚕浴，目的是将病弱的蚕种淘汰，留下健康、孵化率高的蚕种。

喂食：

刚出生不久的蚕宝宝，进食能力和消化能力还很弱，因此要挑选鲜嫩的桑叶，并将嫩桑叶切成细条后再喂食。每次喂食，一定要保证桑叶的新鲜、干净且干燥。潮湿的桑叶很可能危及蚕的生命。

控温：

蚕对温度很敏感，养殖期间一定要注意控制温度，适宜的温度在 20℃—25℃。

清理：

饲养几天后，蚕房里会有很多干枯的桑叶和蚕的粪便，此时要清理干净。清理时可以用软毛刷将蚕轻轻赶到干净的桑叶上面去，再仔细清理蚕室。

健康：

蚕很怕晒，蚕房要放在阴凉通风的地方，避免受到阳光的直射。另外，如果发现病蚕，要马上将其清除，以免将病害传染给其他健康的蚕。

桑叶的保存：

将桑叶采摘下来后，放入塑料袋中并扎紧袋口，放进冰箱中冷藏。等到需要喂食时，从冰箱中取出几片桑叶，晾干表面水分，再拿去喂蚕。

孩子看得懂的

天工开物

传统手工艺

大眼蛙童书　编绘

全国百佳图书出版单位

化学工业出版社

·北　京·

目录

第一章　书房里的纸墨

第二章　泥土里的宝贝

第三章　巷子深处酒飘香

第四章　亮晶晶的珠宝

第一章

虽然，现在电脑已经相当普及，但在古代，古人正是通过纸、墨和颜料来记录和描画的。纸和墨是书写工具，丹青是绘画材料。那么，纸、墨、丹青是什么时候出现的，它们又是怎样制造的？这一章，让我们一起来了解一下吧。

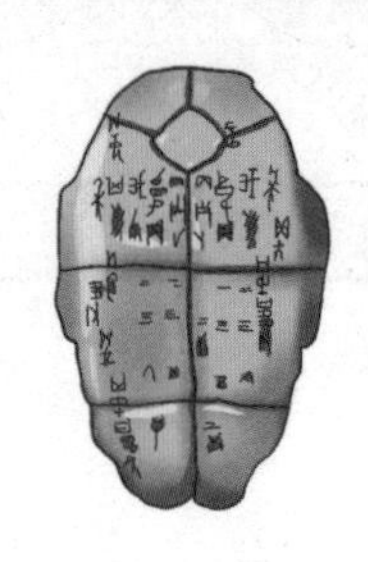

书写的历史

在纸张发明之前，我们的祖先将文字刻画在龟甲、兽骨、青铜器上，以及书写在简牍（dú）、丝帛等材料之上。从秦朝到西汉，简牍是书籍的主要形式。古人是怎么制作简牍的，简牍又是什么时候被纸张取代的。这一节，就让我们一起来寻找答案吧。

中国的先民在远古时期就有记录的需求。这里说的记录，可能是结绳记录年月；也可能是在岩壁上绘画，记录打猎的经历和收获；还可能是在玉器上面的刻画，等等。在8000多年前的陶器上，常常能见到各种纹样，体现出在文字发明前古人的所见、所感。

随后，商朝人发明了刻写于龟甲或兽骨上的文字，这就是中国现存最早的文字——甲骨文。甲骨文主要涉及祭祀、战争、田猎、畜牧、天象、农业、疾病、生育等内容。甲骨文的出现，使得记录的内容得到了极大的拓展。甲骨文不仅仅是一个文明的符号，还把有文字记载的中华文明史向前推进了近5个世纪。

商朝后期，铸刻在青铜器上的文字——金文（又称钟鼎文）出现了。西周时期，金文高度发达，主要用来颂扬商周王室祖先及王侯们的功绩，同时也记录重大的历史事件。

进入春秋战国时期，帛这种丝织品也成为了书写的材料。帛书也称“缣（jiān）书”“素书”，但由于成本很高，保存不便，只在贵族阶层小范围使用，未能普及。

与帛书大约同一时期，使用最广泛的书写材料是竹片和木条。用以写字的竹片称

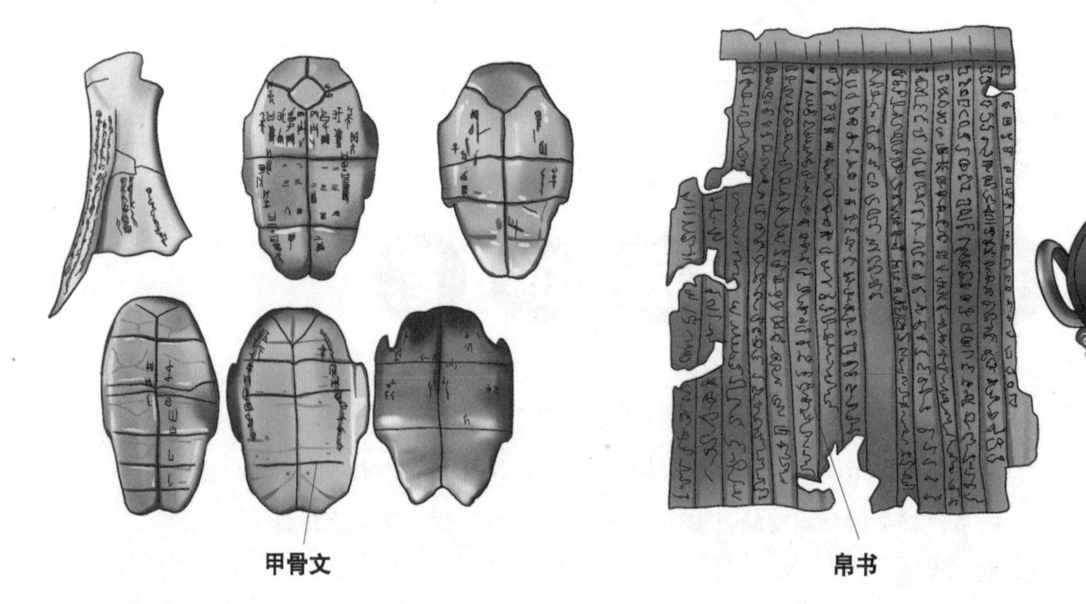

原始人画的“壁画”

原始人画“壁画”，有这么几个作用：一是记事，例如记录猎物的种类和数量；二是图腾崇拜，古人对于一些不能理解的自然现象，就按照想象画出来进行纪念崇拜；三是诅咒，将一些不能战胜的事物，刻画在洞内的石壁上，以达到驱邪、避邪的目的。

为“简策”，木条称为“版牍”，二者统称为“简牍”。在大规模使用纸张以前，简牍是秦汉时中国最主要的书写载体。一根简牍，一般写一行直书文字。字数较多的文章，写在数根简牍上，编连在一起，称为“册”。长篇文字内容为一个单位的，称为“篇”。一“篇”中可能含有数“册”。制作“简牍”的方法比较简单，就是把竹子或木头削成狭长的小片，再将表面刮得平滑一些，即可用毛笔在上面写字。简牍相当笨重，使用起来也不是很方便。直到东汉蔡伦改进造纸术之前，它一直是人们常用的书写材料。

西汉时期，人类最重要的书写材料——纸已经出现了。但那时候的纸还比较粗糙，写起字来还不太方便。东汉时期，蔡伦改进了造纸术，提高了纸的质量和产量，而且用来制造纸的原料非常便宜，这使得纸取代简牍、帛成为可能。为了纪念蔡伦的功绩，后人便把蔡伦制造的纸称为“蔡侯纸”。

蔡侯纸的出现，标志着中国历史和文化有了新的载体！

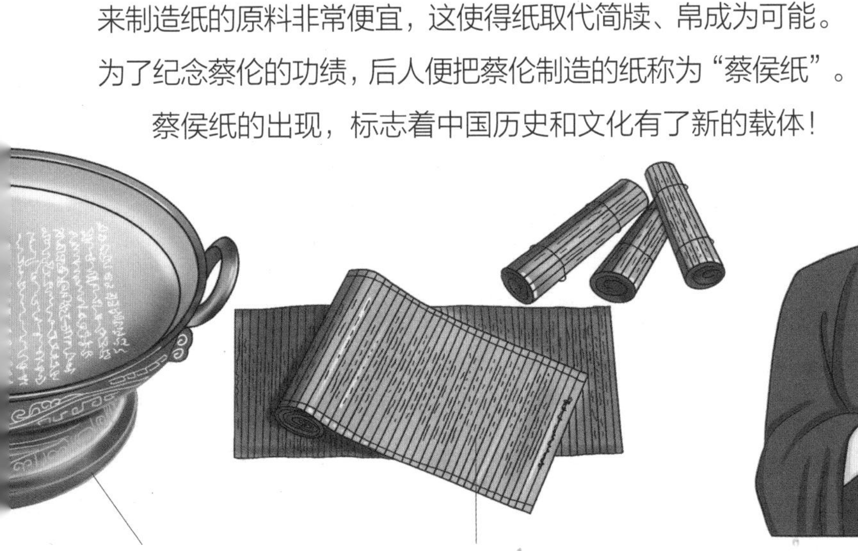

青铜器上的铭文　简牍　蔡侯纸

竹子变成纸

在古代，人们会用不同的原料制造不同的纸。不同的纸有不同的用途：精细的竹纸可用来书写，粗糙的皮纸可用来作火纸和包装纸。精细洁白的竹纸是用嫩绿的竹子经过多道工序制成的，工序虽多但并不复杂，易于操作，一起来了解一下吧！

用竹子造的纸叫竹纸。造竹纸时，古人一般挑选将要生长出枝叶的嫩竹，这是上好的原材料。每年到芒种的时候，人们就上山去砍这种嫩竹。然后在附近挖一个池塘，灌水后，将砍下来的嫩竹截成一两米长的竹子段浸泡起来。大约泡 100 天后，把嫩竹取出来，再用木棒捶打，最后洗掉硬壳和青皮，这个步骤叫“杀青”。

砍竹漂塘

竹纸的制造首要环节是“杀青”。杀青就是将砍下来的竹子在水中浸泡一段时间，取出来后用棒槌捶打，去掉青皮硬壳，让它软化下来。

杀青后的竹子比较软，就像苎麻一样，称为“竹麻”。用上好的石灰调成浆涂在竹麻上，再将它们放到锅里盖上木桶煮上八昼夜，然后停火再放置一天，揭开木桶，将竹麻取出来，放入清水池塘清洗干净。

竹麻洗净后，用柴灰水浸透，再放在锅里按平，上面铺上稻草灰。锅里加上水煮沸之后，把竹麻移到另一个木桶里，继续用柴灰水淋洗，冷却后再蒸煮。如此反复十多天后，竹麻已经蒸烂。将它取出来放到臼里舂成烂泥状，再倒入抄纸槽里。

抄纸槽像一个方斗，里面灌进清水，水面要高出竹浆 10 厘米左右，再倒入“纸药水”，这样做出来的纸会比较白。然后将细竹丝制成的抄纸帘展开，用木框托住。双手将抄纸帘放入抄纸槽，荡起竹浆，让竹浆进入抄纸帘中。纸张的薄厚，可以通过不同的手法来调控，轻荡的纸薄，重荡的纸厚。把抄纸帘抬起来滤水，帘上就会留下一张湿透的纸。将抄纸帘翻转，纸就落在了木板上，可以逐渐叠积多达成千上万张。

水中抄纸

在这个过程中，纸的厚薄可以由操作者的手法来调控，轻荡纸就薄一点，使劲荡纸就会厚一点。

等纸张数目到了一定数量时，就压上一块木板，捆上绳子并插上一根撬棍，像榨酒那样绞紧，水就被压出来了。

为了将这些纸烘干，古人还要造一个“大烤炉”。“烤炉”由两堵形成夹巷的砖墙组成。底下用砖盖成火道，火道每隔几块砖就会留出一个空位。火从巷头的炉口燃烧，热气就会从留空位的地方冒出，充满整个夹巷。夹巷的两堵砖墙被烤热后，就把湿纸一张张贴上去烘干。竹纸就这样做成了。

“烤炉”烘干

这是造纸的最后一道工序。纸张烘干后，揭起来收好，就可以使用了。

旺火蒸煮
这是造纸的第二道工序，漂洗的过程要重复许多次，长达十几天，才能使竹子中的纤（xiān）维分离出来。
覆帘压纸
将附有湿纸的竹帘翻转倒扣在木板上，如此反复多次，湿纸就一张张堆叠在一起。达到一定的量后，再挤压排出水分。如此，一张张四方纸就成形了。

树皮也能造纸

古人将楮树、桑树和木芙蓉的第二层树皮等作为原料制成的纸称为皮纸。皮纸的用途比较广泛，既可以用来书写，也可以用来包装物品。皮纸的制作流程跟竹纸的大体相同，只是在制作方法上稍有差异罢了。一起来了解一下吧。

除了用竹子造纸之外，聪明的古人还会用楮（chǔ）树皮造纸。

楮树又称构树，剥取楮树皮最佳时期是在春末、夏初。如果选的楮树树龄已老，

砍楮树皮浸泡
制造皮纸，一般用楮树皮六十斤，嫩竹麻四十斤，一起放在水中浸泡。
蒸煮
皮纸蒸煮的流程跟造竹纸的流程差不多，也是要反复蒸煮多次才可以。

就在接近根部的地方将树砍断，再用土盖上，第二年新长出树枝的皮用来制纸会更好。

制作皮纸，要用楮树皮六十斤，嫩竹麻四十斤，将它们放在池塘里浸泡，然后涂上石灰浆，放在锅里煮烂。这几个步骤跟用竹子造纸是一样的。

到了水中抄纸环节，若是想造又长又宽的皮纸，那么就需要更大更宽的抄纸槽。

用木芙蓉等树皮造的纸叫小皮纸，古代糊雨伞和油扇都要用到这种纸。

还有一种用桑树皮造的纸，叫作桑穰（ráng）纸，这种纸特别厚，由浙江东部出产，主要用来收蚕种。

薛涛笺是以木芙蓉的树皮为原料，煮烂后加入芙蓉花的汁，做成彩色的小信纸。这种纸的优点是颜色好看，染色是从抄纸槽内的纸浆开始染，而不是成纸后再染。

抄纸帘“捞”纸
制造又长又宽的皮纸，抄纸帘要比一般的至少大一倍，需要两三个人合力才能完成这一工序。
“薛涛笺”制作流程
与普通纸不同，薛涛笺增加摘花、捣汁、染色这三道工序。相传这种做法是薛涛首创的，于是人们便称这种纸为“薛涛笺”。

朱砂的制作

在遥远的古代，我国先民就已经会使用红色的颜料在石壁上作画。自从纸出现后，古人又用笔蘸朱砂制成的颜料在黑色的字旁做批注。那么朱砂是什么提炼出来的呢？一起来了解一下吧。

朱砂，又称“辰砂”，主要成分是硫化汞，是一种棕红色、色彩鲜艳的晶体。朱砂在我国古代是炼丹的重要原料。朱砂的粉末呈红色，可作颜料，颜色经久不褪。早在新石器时代，我国先民就用朱砂做颜料。

上等朱砂要挖掘约 30 米深才能得到。发现矿苗时，会看到一堆白色石头，称为朱砂床。只有上等朱砂矿中才会有朱砂床。

次等朱砂矿挖十几米就可能见到，其矿床外常常杂带青黄色的石块或者夹杂砂粒。次等朱砂不能入药，一般用来作颜料或提炼水银。如果整个矿坑都是质地较嫩而颜色

深井挖砂
朱砂研磨
朱砂和银朱属于同一物质的不同等级。在碾槽碾碎红色闪光的朱砂矿，再用水浸泡，可得到头朱和二朱。
清水浸泡

提炼水银
朱砂里含有水银，矿质较差的次等朱砂一般会用来提炼水银。
银复生朱
水银再炼成朱砂，需要加入硫黄，再加热炼成。在传说中提到的炼丹药，估计就是水银转变成丹药的过程。

泛白的朱砂矿，一般会全部用来提炼水银。

如果是质地虽嫩但其中有红光闪烁的朱砂矿，则可将其制成颜料。制作时，先将朱砂矿放入铁槽里碾成粉，再用清水浸泡三天三夜，然后把浮在上面的物质撇出来，倒入缸里，这是二朱；之后再将沉在水底的物质晒干，得到的就是头朱。

提炼水银时，要将嫩白色的次等朱砂或从缸中倒出的二朱，加水搓成粗条，放到锅中烧。锅上还要倒扣另一口锅，锅顶留个小孔，插入一段弯的铁管，铁管的另一头插到装有冷水的罐中。所有的接口都要用盐泥密封好，这样可使锅里的蒸汽只能冲到罐子里，遇到冷水后凝结成水银。用炭火烧 10 个小时左右，再冷却一天后，即可收集已布满整个锅壁的水银。

凡是用水银再炼成朱砂的，都叫做银朱。制作时，每斤水银要加入 2 斤天然硫黄，放在一起研磨至水银的亮斑消失，炒成青黑色后，放入开口的泥罐子里。用铁盘将罐子口盖好，压上一根铁尺。将罐子和铁盘绑紧，用盐泥封好口。将罐子放在铁架子上，起火加热，期间要不断用毛笔蘸水擦拭铁盘，使水银遇冷变成银朱粉凝结在罐壁上。关火冷却后，将银朱粉刮下来即可。

古代王室贵族绘画用的朱砂是天然朱砂矿研磨成的朱砂粉。书房用的朱砂一般是条块状的，在石砚上磨会显出来原来的鲜红色，在锡砚上磨就会变成灰黑色。漆工也用朱砂调制红油彩来装饰器具，和桐油调和时色彩鲜明，和天然漆调和时则色彩灰暗。

墨是怎么来的

古代历史和文学作品之所以能流传下来，主要靠的就是白纸黑字的文献记载。古时，要用毛笔蘸墨汁再写字。古代的墨是用松烟或桐油制成的。下面我们来了解一下，古人是怎么制墨的吧。

在古代，墨的等级因为材料的不同而不同。普通百姓常用的墨是用松烟制成的便宜的墨，稍微好一点的墨是用桐油烧成的烟灰做成的。

烧桐油取烟，一斤油烧完后得到一两多上等的烟灰。一个手脚麻利的人，可以同时看管 200 多个专门用来收集烟灰的灯盏。烧制烟灰时，掌握火候很重要，如果刮取

桐油取烟
相较于松烟墨，桐油墨更加有光泽。

烟灰不及时，就会白白浪费灯油和原料。

烧松木取烟灰，要先让松树中的油脂流掉。去油脂最好的办法，是在松树的底部凿一个小孔，用油灯慢慢烧烤，直至油脂全都流完。如果油脂流不完，就做不出来纯净的墨。油脂流尽后，就可以烧松木取烟灰了。要先搭一个 30 多米长的圆拱篷，形状像船上的遮雨棚，内外和接口都要密封好，每隔一段距离留一个小孔出烟。然后把松木砍成一定的尺寸，放进去烧几天。停火冷却后就可以进去扫刮烟灰，准备制墨了。

将制墨用的烟灰，放在水中浸泡一段时间，精细而纯粹的就会上浮，粗糙而稠厚的则会下沉。将它们分别和胶调在一起，固结之后，用锤子敲它，可以分辨出墨的坚脆。

还可以在制墨时加入香料，制成后烫上金字，使墨更好。

点灯去油脂
这里的油脂，就是我们通常所说的松香。
烧松木取灰
烧火时，松烟经过的烟道很长，烟道尾部收到的松烟叫作清烟，品质最好，中部和尾部收到的松烟就差一些。
扫刮取灰
魏晋时期，烧取松烟造墨已经非常普遍了；到了宋朝，古人又可以熟练地用桐油或者其他植物油为原料制墨了。

蜡烛是怎么制作的

现在使用蜡烛的机会比较少了。但在古代，蜡烛在百姓家庭里使用还是比较普遍的。蜡烛是怎么制作的呢？让我们了解一下吧！

古时候，做蜡烛用的原料是乌桕（jiù）子。乌桕子中的黑籽经过加工后，榨出的水油，可以用来制作蜡烛或者肥皂。

制造蜡烛步骤如下:

第一步，提炼皮油。把洗干净的乌柏子放到饭甑（zèng）里蒸，蒸好后倒到臼内舂捣。乌柏子核外包裹的蜡质层脱落后，里面剩下的就是黑籽。把黑籽放入不怕火烧的小石磨中，四周用烧红的木炭围满将其烘热。黑籽被磨破后，吹掉黑壳，剩下的就是白色的仁。将白仁碾碎，再上锅蒸，接着将蒸好的白仁包裹放进榨具榨取，就可以得到皮油了。

第二步，制造蜡烛。一种办法是，将苦竹筒劈成两半，放在水里煮涨后，用小竹篾捆紧固定，接着再把油倒进竹筒，插入烛芯。等油凝固后，把竹筒打开，蜡烛就做好了。还有一种办法，将小木棒削成蜡烛模型，再准备一张纸，卷在上面做成纸筒。把木棒抽出来后，往纸筒里面倒入皮油，再插入烛芯，也可以制作成蜡烛。

第二章

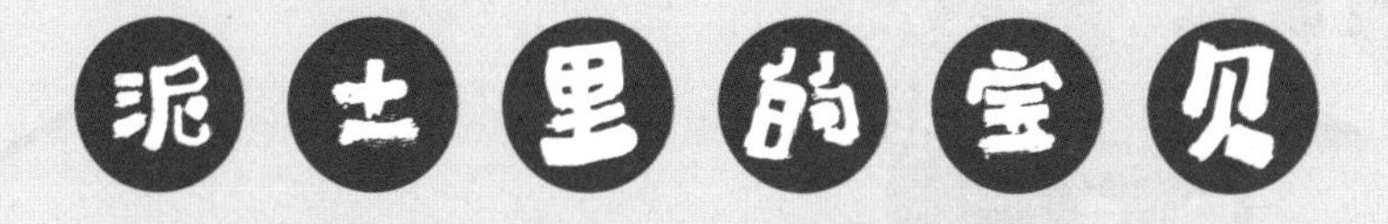

泥土里的宝贝

其貌不扬的黏土，经过烧制后，既可以成为建造房屋用的砖瓦，又可以成为供日常生活用的各种陶瓷器皿，比如缸、碗、杯、瓶、盘等。我国是瓷器的故乡，早在 2 万年前，先民就学会了制造陶器。瓷器则是由陶器发展而来的，在东汉后期已经成熟。从宋代开始，我国制作的精美瓷器就远销海外，深受各国人民的喜爱。

瓦的烧制

建造房屋时，铺屋顶用的瓦都是用黏土烧制而成的。在古代，除了皇家宫殿盖琉璃瓦外，一般官员和平民盖房用的都是黏土瓦。早在西周初期，我国就已会制造和使用瓦。秦汉时期，我国的制瓦工艺已取得明显的进步，到明代则日臻完善。现在，让我们一起来了解古人是怎么造瓦的吧。

泥瓦制坯
画面最上方的人拿的工具是用铁线做的弓弦，可以非常方便地切下泥片；中间的人在利用转盘上的瓦筒制造瓦坯；近处的人正处理桶形瓦坯。

故宫琉璃瓦脊兽

我国的琉璃瓦品种丰富、形制讲究、装饰性强。常用瓦件主要有筒瓦、板瓦、勾头瓦、滴水瓦、走兽、合角吻、钱兽、宝顶等。

制造瓦片，要选取不含沙子的黏土。

古代老百姓盖房用的瓦是四片合在一起成型的。所以制瓦时，先用圆桶做一个模具，圆桶的外壁画出四条等分线。黏土调和好后，再用脚把它们踩成熟泥，然后堆成一定厚度的长方体泥墩。

从泥墩上割出一片陶泥，并把它紧紧包在圆桶模型（俗名“瓦筒”）的外壁上成形。等它稍干一些后，将模子拿出来，它自然就裂成四片瓦坯。等瓦坯干燥后，就可以放进窑中烧制了。一般烧一两天，具体时间根据窑里物料的多少来定。

瓦片上釉

瓦片上釉，就是将烧好的瓦坯从窑中取出后上釉，之后再放进另一个窑里烧制。现在一般采用浇釉法或浸釉法。浇釉时要迅速，一次浇满瓦面可保证釉面平整光滑均匀。浇好后直接放入窑里烧，即可烧成琉璃瓦。

皇家宫殿用的琉璃瓦，选取的黏土非常讲究，一定要选安徽太平府（今安徽省马鞍山市当涂县）出产的。瓦坯的制造过程跟一般的瓦差不多，不过入窑烧成后，要取出来上釉，涂上绿色、青黑色或者黄色的釉料，然后再送进另一处窑中用低温慢慢烧，最后烧成带有琉璃光泽的琉璃瓦。

挖取黏土

砖的由来

在古代，为了让建筑物更坚固结实，人们开始用砖石作为建筑材料。早在7000多年前，我国古人就已会造砖。我国目前发现的最早的砖，是从西安蓝田新街遗址挖掘出来的，距今5000多年。秦汉时我国造砖的技术、生产规模、质量和种类都有了明显的进步，跟瓦一起并称为“秦砖汉瓦”，明代我国的造砖技术更为发达。现在，让我们一起来了解在明代，古人是什么造砖的吧。

砖块也要用不含沙子的黏土制造。先用水将黏土浇透，再赶几头牛进去踩踏，直至踩成稠泥。然后再把稠泥填满已经准备好的方形的模具，削平表面的稠泥之后，

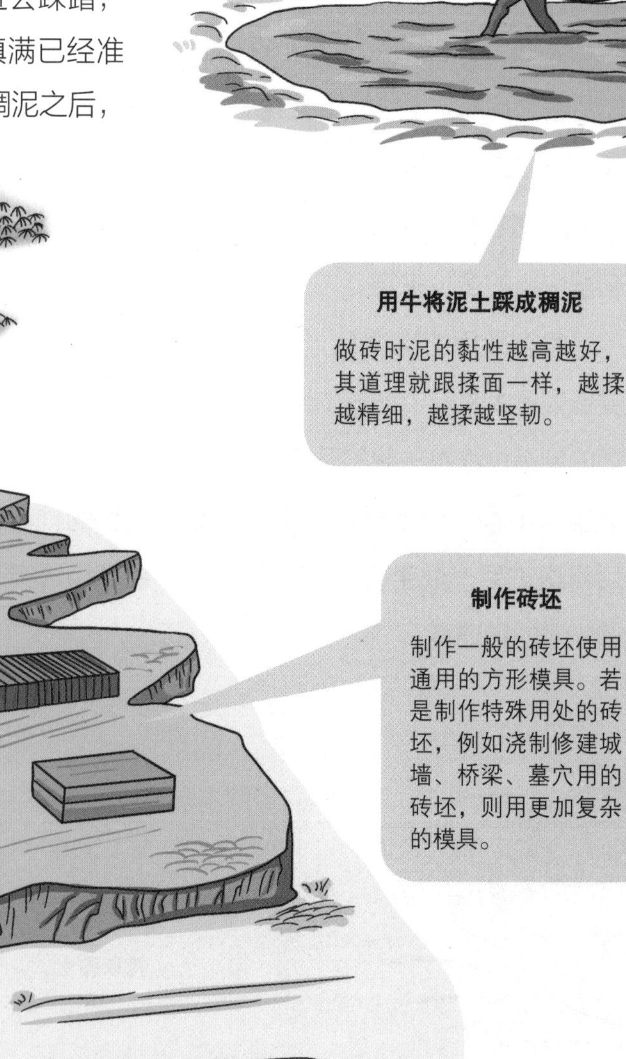

用牛将泥土踩成稠泥

做砖时泥的黏性越高越好，其道理就跟揉面一样，越揉越精细，越揉越坚韧。

制作砖坯

制作一般的砖坯使用通用的方形模具。若是制作特殊用处的砖坯，例如浇制修建城墙、桥梁、墓穴用的砖坯，则用更加复杂的模具。

取下模具，砖坯就做成了。

砖坯做好后，就可以入窑烧制了。砖窑有的用柴火烧，有的用煤炭烧。用柴火烧的砖是青黑色的，而用煤炭烧的砖是浅白色的。

烧窑时，要注意从窑门往里观察火候。火候不到，烧成的砖不耐用；火候过了，砖面就会有裂纹，一敲就碎，也不能用。

若是烧制青砖，要在窑顶砌一个平台，平台的四周要稍微高一点，在上面浇水。窑顶的水会从窑壁的土层渗透下来，与窑内的火相互作用，这样就可以烧制出比较结实耐用的青砖了。

若是烧制白砖，则砌的窑上面不封顶，也不需要砌浇水的平台。窑里面堆放煤饼，每放一层煤饼，就添一层砖坯。最下面一层垫上芦苇和柴草，以便引火烧窑。

青砖和白砖的烧制
青砖和白砖要使用不同的方式烧制。青砖需要用柴火来烧，白砖则需要用煤炭来烧。
烧制白砖
烧制青砖

陶器的制造

陶器，就是用黏土（或陶土）经捏制成型后烧制而成的器皿。生活中常见的陶器，主要有瓶、碗、缸等。我国最早的陶器出现在约 2 万年前，那时的陶器比较简单粗糙。生活中常用的陶器有大有小，制造方式也是不一样的，现在我们一起来了解大陶缸和小陶瓶的制造方式有什么不同吧。

在古代，老百姓日常生活中要用到的陶器有瓶、缸、瓮等，主要作为各种容器。

在山西和浙江，瓶窑用来烧制小个头的陶器，缸窑用来烧制大个头的陶器。小个头的陶器可以直接成型，大个头的陶器则需要拼接而成。烧制大口的陶缸，要先转动陶车分别制成上下两截泥坯，再将它们拼合起来。拼合的地方要用木槌(chuí)内外打紧。制作小口的坛罐也需要先制成上下两截泥坯，再拼接，只是里面不好捶打，这时就需要用一个像金刚圈一样的瓦圈承托内壁，再用木槌使劲敲打外面，这样两截泥坯就紧紧黏合在一起了。

瓶窑和缸窑都不建在平地上，而是建在山冈的斜坡上。长的窑有八九十米长，短的窑有三十多米长，几十个窑连在一起，一个比一个高。这样建的好处是依傍山势，

既能避免积水，也能使火力逐渐向上渗透。

窑顶是圆拱形的，建成之后，窑顶上面要铺一层厚 10 厘米左右的细土。窑顶每隔 1.6 米，就要开一个透烟窗。

装入陶坯的时候，小的放在最低处的窑，大的（比如缸、瓮等器物）放在最高处的窑。点火的时候，要从最低处的窑烧起。当第一个窑火候足够时，就关闭窑门，再烧第二个窑，就这样依次烧到最高处的窑为止。

烧制陶器
烧制陶器，温度的控制至关重要。在早期，大件和小件的陶器是分开烧制的，后来不断改进，可以同时烧制大小陶器。

瓷器的制造

瓷器是中国古代一项了不起的发明。在制造陶器的基础上，我们的祖先不断革新，在商代制造出了原始青瓷。到了汉代，制瓷工艺已经非常完善，能造出和现代瓷器相媲美的精美瓷器。在此后的相当一段时间里，只有中国能制造瓷器。中国制造的瓷器也随着贸易不断销往海外，成为古代中国的名片之一。

相比于陶器，瓷器更精致、适用，器型更多，能更好满足人们的日常需求。下面，我们来简单说说瓷器的制造过程吧。

瓷器坯子有两种：一种是印器，有方的也有圆的，比如瓶、瓮、炉、盒等，都是用黄泥做成的模具做出来的；一种是圆器，包括数不胜数的圆形的、大小不一的碗碟杯盘之类的日用品，都是用陶车做出来的。

制作陶车，要先将一根木头埋入一米多深的地下，将它固定住。露出地面的部分有半米多高，上下各安装一个圆盘，在上圆盘的正中安装一个盔帽，用小竹棍转动盘沿，陶车就会旋转。

捏制杯盘等器具时，双手捧泥放在盔帽上，转动圆盘，用拇指按住泥底，使瓷泥沿着拇指方向展薄，这样就可以捏出碗杯等器具的形状了。

泥坯初步做成后，把它翻过来放在盔帽上压印一下，稍微晒干到还有一点水分时，再压印一下，这时泥坯的形状圆润周正，然后晒干到颜色变白，蘸水后带水放在盔帽上用利刀刮两次，使之变光滑。然后放在陶车上旋转。接着，在瓷坯上绘画或写字，喷上几口水后，就可以上釉了。

接下来，就可以将上好釉的瓷坯放进窑内烧制了。窑顶有 12 个被称为天窗的圆孔。烧制时，要先从窑门点火，使火力从下往上攻，烧 20 个小时后，再从天窗往里丢柴火再烧 4 个小时，使火力从上往下透。这样烧一天一夜，火候就足了，可以停止烧窑了。

② 画彩上色

在瓷坯上添加花纹的手法有很多，可以画花，也可以刻花、印花。

① 捏制杯盘

使用陶车制作杯盘，可使杯盘成型和整修的效率大大提高。

③ 瓷器上釉

先把釉水倒进泥坯里荡一遍，再张开手指撑住泥坯往釉水里点蘸外壁，点蘸时使釉水刚好浸到外壁弦边，这样釉料自然就会布满瓷坯全身了。

④ 烧制瓷器

瓷坯经过高温烈火烧制后，会软得像棉絮一样，正式出炉之前，需要用铁叉取出一个样品来检验火候是否足够。

第三章

我国酿酒的历史很久远，最晚不迟于商代。商代君主和贵族在祭祀天地、缅怀先祖、聚会欢宴时都会饮酒。除非是自然发酵而酿成的酒，否则凡是人工制成的酒都需要用曲。曲按制作原料来分，可分为酒曲、神曲、红曲等，我们一起来了解一下这些曲是怎么制作的吧。

中国酒的历史

中国酿酒的历史久远，可以说是与种植生产同步的。据说，商朝人特别喜欢喝酒，后世出土的商代酒器很多，反映了当时饮酒的风气很盛。同样，酒对于周朝贵族而言，也是不可缺少的。

古代的酒一般由黍、秫（shú）等煮烂后加上酒曲酿成，酿酒的过程比较短，且没有经过蒸馏，所以酒精含量不高。在我国，烈性酒直到南宋以后才出现。

甲骨文和金文中的“酒”字

中国的酿酒历史悠久，在远古时期，我们的祖先就会酿酒了。

在河南贾湖遗址中，曾出土了 9000 年前酒的残留物，这是目前世界上已发现的最早的酒。可见，我国先民当时已掌握了酿酒的方法。此外，在距今四五千年的大汶口遗址，还曾出土了大量的酒器。

殷商时期的甲骨文和金文中就已经出现了大量关于酒的记载，说明在商代饮酒已经相当盛行。据传，商代的暴君纣王还建造“酒池肉林”，供自己享乐。春秋时期，我国的酿酒技术有了跨越式发展。人们发明了曲蘖（niè）酿酒技术，就是利用酒曲发酵来酿酒的技术，这项技术比西方早了1000 多年。

原始人生活场景

大汶口遗址出土的酒器

汉武帝时期，葡萄从西域传入中原，不过直到唐代，古人才尝试用葡萄酿酒。所以唐代诗人王翰才写出了“葡萄美酒夜光杯”的诗句。

虽说，我国先民很早就掌握了酿酒技术，但一直到宋代，古人饮用的依然是度数比较低的米酒。所以，《水浒传》中武松喝了十八碗酒后还能打死一只老虎，那是因为酒的度数低的缘故。宋代以后，才逐渐出现了现在人们常喝的高度蒸馏酒。

武松连喝十八碗
古代将军饮葡萄酒形象
“葡萄美酒夜光杯，欲饮琵琶马上催。醉卧沙场君莫笑，古来征战几人回？”唐朝诗人王翰写的这首诗，提到了葡萄酒。

麦曲和面曲

人工酿酒是一定要用曲的。曲又被称为“酒母”，是指含有大量能发酵的活微生物的块状物，一般用粮食或粮食副产品制成。不同粮食制成的曲是不同的，比如用麦粒制成的曲是麦曲，用白面为原料制成的曲是面曲。这两种曲的制作工艺流程差别不大，一起来了解一下吧。

最初，古人酿酒只是机械地简单重复大自然的自酿过程，即谷物腐烂后的自然发酵过程，并没有进行有目的的人工酿酒。那么，古人是怎么进行人工酿酒的呢？这就涉及古人一项重大的发明——酒曲。

制麦曲的准备工作
制作麦曲，最好选在炎热的夏天，把麦粒带皮洗净、晒干。

曲作为酒母，是主宰发酵过程的一项关键要素。古人认为，酿酒必须要用酒曲做酒引子，没有酒曲，就算是再好的米黍也酿不成酒。

制作酒曲，可以用麦子、稻子或者面粉作为原料。

制作麦曲，用大麦、小麦都可以。最好选在炎热的夏天，把麦粒带皮洗净、晒干。然后把麦粒磨碎，用淘麦子的水搅和做成块状后，再用楮（chǔ）叶包扎好，悬挂在通风良好的地方；或者用稻草覆盖使之变黄。七七四十九天后就可以用来酿酒了。

制作面曲，先用白面 5 斤、黄豆 5 升，再加入蓼（liǎo）叶一起煮烂，之后加上少许蓼末、杏仁泥混合搅拌，压成饼状后，再用楮叶包扎悬挂在通风处或者用稻草覆盖使之变黄，制作方法与麦曲基本相同。

此外，用麦子或者稻子为原料做酒曲，必须加入已经制成酒曲的酒糟作为媒介，这道工序称作回糟。

发酵
把磨碎的麦子用楮叶包扎起来，悬挂在通风的地方，或者用稻草覆盖，之后就等着它们发酵了。
回糟
用麦子或稻子做酒曲，需要加入已经制成的酒曲的酒糟作为媒介。

能入药的神曲

神曲，又称为药曲，是一种非常神奇的东西。用它作引子，对食物进行发酵，不仅可以使食物变得甘甜滋润，还能治病强身。神曲是用粮食搭配其他药物制成的，搭配的药物不同，种类也不一样。至于神曲要用什么药配合，是没有固定的处方的，完全由医生凭经验而定。

神曲

制作酒曲时，如果原料挑选得不精细，火候掌握得不到位，或者看管得不勤，都会导致酒曲制作失败或者成不了上品。

有一种酒曲被称为神曲，专供药用。之所以把它称作神曲，是古代医生为了将它与酒曲区别开来。唐代，人们开始掌握神曲的制作方法。

神曲的制作方法与酒曲略有差异。制作时只用白面 100 斤，再加入青蒿、马蓼和苍耳的原汁，充分拌匀后制成饼状，再用麻叶或楮叶包藏覆盖好，这跟制作豆酱黄曲的方法基本相同，等到曲面颜色变黄后，就把它晒干，再收藏起来备用。

至于要用其他什么药配合，就要根据医生的不同经验而加以酌定了。

知识链接

神曲的药用价值

神曲又被称为药曲、六曲，主要用白酒、青蒿（hāo）、马蓼（liǎo）等为原料配合调制而成。在医学上，神曲可以当作药物来使用，可以治疗腹泻、消化不良等症。

知识链接

中国酒曲的分类

按制曲的原料来分，主要原料有小麦和稻米，所以分别称为麦曲和米曲；按原料是否熟化处理来分，可分为生麦曲和熟麦曲；按曲中的添加物又可分为很多种，如加入中草药的称为药曲，加入豆类原料的称为豆曲；按曲的形体来分，可分为大曲、小曲和散曲。

① 制神曲的准备
制作时只用白面100斤加入青蒿、马蓼和苍耳的原汁，拌匀制成饼状。
② 发酵
将制成饼状的白面用麻叶或楮叶包扎起来，等到曲面颜色变黄就晒干收藏备用。

神奇的红曲

红曲，在古代被称为丹曲，主要用大米培养的红曲霉制成，是一种非常好的食品着色剂和调品剂，并具有防腐作用。红曲也常被用来酿醋，还可以入药，具有消食、暖胃、活血健脾的功效。那么红曲这种神奇的东西是怎么制成的呢，它跟同样能入药的神曲又有什么区别呢？一起来了解一下吧。

有一种“化腐朽为神奇”的曲，叫红曲。在自然界中，鱼和肉最容易腐烂。但是只要将红曲

红曲能防止食物腐败

在鱼和肉上薄薄地涂上一层，即使是在最炎热的夏季放上十多天也不会变质，苍蝇和蛆虫也不敢靠近，色泽味道还能保持原样。这红曲真是一种奇药啊！

制造红曲要用籼（xiān）稻米。先将米舂得干净洁白，再用水浸泡七天，会发出浓烈的臭味，之后用溪水漂洗干净。再放入甑（zèng）中蒸至半熟，取出来用冷水淋浇一次，等冷却后再上锅蒸熟。

趁蒸熟的稻米还没完全凉时，将最好的红酒糟倒入，再加入马蓼汁和明矾水拌匀直至变凉。之后，要留心观察，若是中间一段时间之后，饭的温度上升，说明曲发生作用了。然后，将饭倒入箩筐，浇上明矾水，再分开放到篾盘中，放到架子上通风。

接下来连续 7 天，无论白天还是黑夜，每 40 分钟搅拌一次。最开始曲饭是雪白的，一两天转为黄色，之后转为褐色，再由褐色转为红色，至最红时再转为微黄色。这样做成的红曲，价值和功效比一般的酒曲要高。

溪水漂米
籼稻米浸泡很多天后，会产生很重的异味，甚至是臭味，所以在蒸煮之前，要用溪水漂洗除臭。
加入酒曲通风
酒曲是一种菌类，如果温度太高会抑制它的活性，所以要用自然风吹凉。通常情况下，正常的霉菌是白色的，如果酒曲长红毛，说明温度高了；如果长绿毛，则说明温度低了。

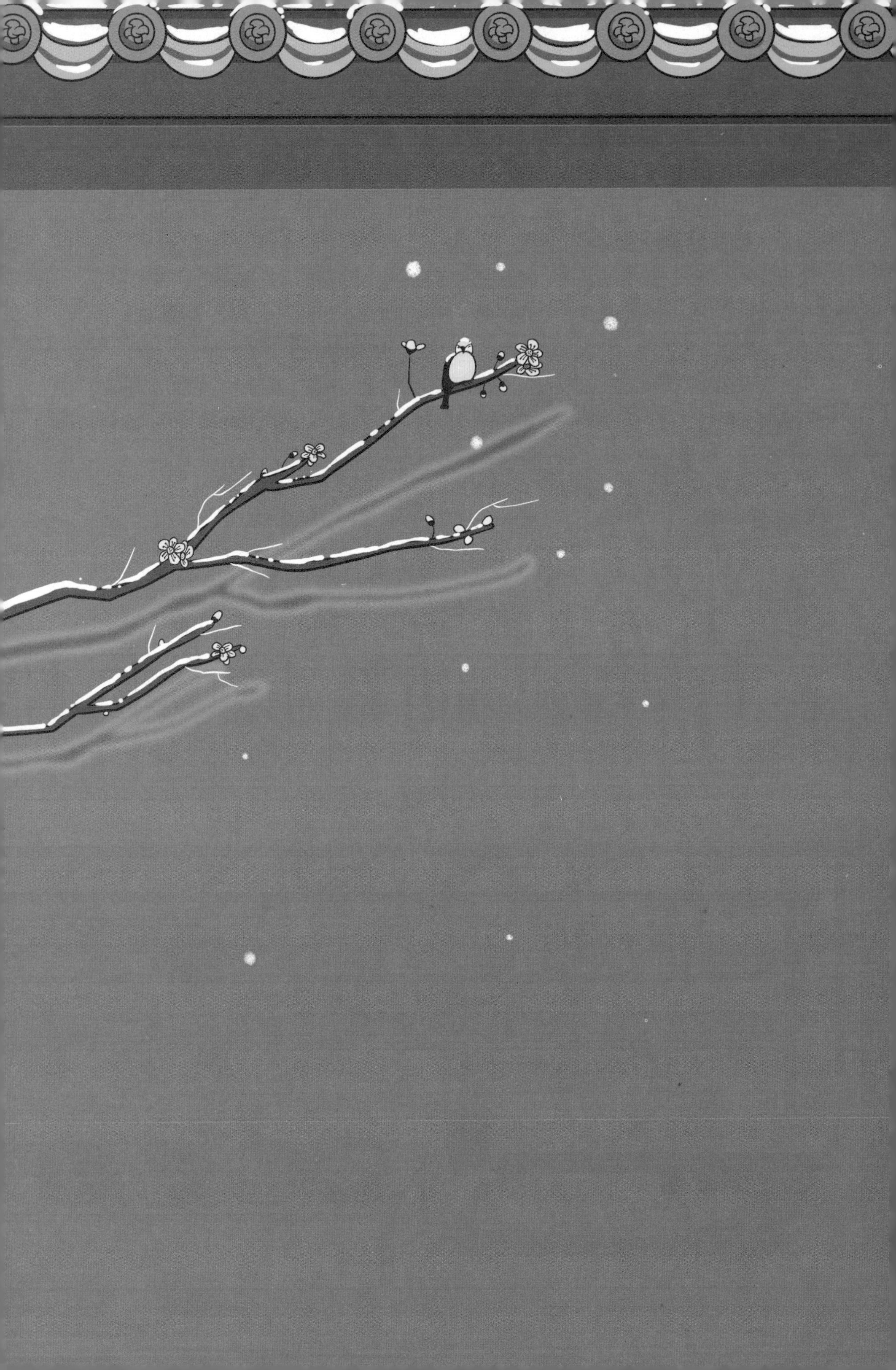

第四章

珍珠、宝石、美玉等珍宝，都因色泽纯净明亮而受到人们的喜爱。这些珍宝有的产于山中，有的产于水里。人们认为藏有宝石的山总是闪着别样的光彩，藏有珍珠的水总是非常明媚秀丽。新疆和田盛产玉石，广西合浦盛产珍珠，这两个地方因盛产珍宝而变得神奇，被人们所喜爱。那么在盛产珍宝的地方，人们是怎么采集珍宝的呢？一起来了解一下吧。

下海寻珠

珍珠分为淡水珍珠和海水珍珠。淡水珍珠产于内河，因外表不够圆润光滑，所以其价值远远比不上海水珍珠。广西合浦出产的海水珍珠，又称为南珠，硕大圆润，晶莹夺目，美丽高雅，历代皆被誉为“国宝”。在古代，为了获取珍贵的南珠，人们不惜冒着生命危险下海采珠。那么古人是怎么下海采珠的呢？一起来了解一下吧。

蚌壳里发光的珍珠

珍珠取自于蚌壳内部，是由蚌壳上的外套膜受到异物（砂粒、寄生虫）刺激而分泌出的珍珠质包裹异物所

下海捞海蚌
古代采珠船上的人员和潜水人员是分工合作的关系。船上的人负责及时将潜水的人拉出水面，潜水的人则负责采珠。

形成的。年限越长的珍珠，就越珍贵。

在古代，为了获取珍珠，人们要乘船来到海中，潜水到水底采集海蚌。采珠船比其他船只要宽和圆一些，船上放了很多草垫子。若是遇到旋涡，人们就把草垫子扔下去，这样可使船只安全驶过。

到达采珠的地点，采珠人先在身上绑一根长绳子，然后带着采珠的篮子潜入水中。潜水前，要用锡制弯管将口鼻罩住，在耳颈之间将罩子的带子绑好，弯管的另一端要能伸出海面，以保证采珠人有足够的氧气呼吸。

若是在水下呼吸困难或者遇到危险，采珠人会使劲摇动绳子，船上的人就会立刻把他拉上来。采珠人出水之后，要立即用热的毛皮织物盖住身子，防止被冻伤。

宋朝有位姓李的官员发明了一种采珠网兜。他做了一种齿耙状的铁构件，底部横放一根木棍用来封住网口，两角绑上石头作为沉子沉底，四周围上形似布袋子的麻绳网兜，将牵绳绑在船的两侧。这样当船航行时，网兜就在水底捞海蚌。这种采珠的办法大大减少了采珠人的死亡率。

宋朝人发明的
捞海蚌的工具
遇到旋涡扔草垫子
在海上采珠时，要有能够应付各种危险情况的方案。准备草垫子，就是应对遇到海上旋涡时的方法。

深井挖宝

从矿井挖出来的宝石，古人称为“山玉”。山玉要比从河里捞出来的籽玉难采多了。产自新疆地区的山玉，一般都在昆仑雪山之巅，山高路险，寒冷缺氧。藏有山玉的矿井很深，里面的氧气更少。因此，去采山玉“百人往，十人返”，但即便如此，古人仍会冒险去昆仑山采玉。现在，我们一起来了解一下古人是怎么采山玉的吧。

宝石都产自很深很深的矿井中。即使很深，这些矿井也不会有水。但矿井内会弥漫着像雾一样的毒气，人吸多了会危及性命。因此，挖宝石的人都会十多个人一起分工合作。

下井的人，会在腰间绑上一根长绳子，并系上两个袋子，到井底发现有宝石，就赶紧捡起放入袋子。

此外，他们的腰间还系有一个大铃铛，一旦感觉不舒服时，就立即摇晃铃铛。上面的人听到铃声后，就赶紧把井下的人拉上来。这时，拉上来的人即使没有危险，一般也都昏迷不醒了。只能往他嘴里灌白开水抢救，并且三天内不能吃东西，要慢慢调理，身体才能恢复过来。

刚采出来的宝石，大小不一，有的大得像碗，中等的像拳头，小的像豌豆，从外表看一般不能确定它们的成分和成色。因为它们的外部都裹着一层璞石，要交给琢工剖开后，才知道是什么宝石。

诗三百三首（节选）

唐·寒山

昔日极贫苦，夜夜数他宝。
今日审思量，自家须营造。
握得一宝藏，纯是水精珠。
大有碧眼胡，密拟买将去。
余即报渠言，此珠无价数。

升井得宝
在没有防护措施的情况下，古人下井挖宝石还是很危险的。常有人下井后昏迷不醒，主要是因为深井下面缺少氧气，待的时间过长缺氧所致。
井下寻宝
宝石很少有藏于裸露的岩石中的，多半深藏于地下几十米的岩层里，开采起来非常辛苦。下井的人甚至会有生命危险，所以需要众人通力合作。

良石琢玉

从河里捞玉石可比上山采宝石容易多了。但由于含有玉石的浅滩上常常混杂许多乱石，如果没有经验的话，很难从乱石堆中拣出玉石。即使拣出玉石也很难一眼看出玉石的品级。想要知道玉石的成色和成分，还得将玉从石头里“接生”出来。现在，我们一起来了解一下，古人是如何将玉从石头里剖出来的吧。

玉藏在石头里，含玉的石头不藏在深深的地下，而是分布在山间湍急的河水中。所以采玉的人不会到玉的原产地去采，因为那里的河水太急不好下手。夏天涨水时，玉石会随急流冲到下游的几十公里或一两百公里处，这时就可以去河里采玉了。采玉的人沿河寻找玉石，多选在秋天有月亮的夜里，守在河边观察。水中有玉石聚集的地方会显得特别明亮，这样采玉就简单多了。

含玉的石头随河水而流动时，免不了夹

剖玉
制作玉器，一般要经过审材、开料、设计、镂刻、砣琢、磨光等工序。剖玉只是其中一道工序。剖玉多选硬度高于玉石的金刚砂、石英等为工具，辅助水进行研磨。

杂着一些浅滩上的乱石，只有采出来经过辨认后，才知道哪个是玉，哪个是石头。

要把玉从石头里完整地剖出来可不容易，坚硬的刀是不行的，得用柔软的水和沙子慢慢磨出来。

剖玉时，先用铁做个圆形转盘，再用根绳子缠绕在横穿转盘的棍子上，绳子的两端分别接着两个踏板。将水与沙放入盆内，用脚踩动踏板，圆盘随之转动，再添沙剖玉，一点点把玉剖出。剖玉用的沙，在中原地区取自顺天府玉田（今河北玉田）和真定府邢台（今河北邢台）两地，此沙不是河沙，而是泉中流出的细如面粉的细沙。玉石剖开后，再用一种利器——镔铁刀，施以精巧的工艺方可制成精美的玉器。

玉有白、绿两种颜色，绿玉在中原地区叫菜玉。玉藏于璞（含玉的石头）中，其外层叫玉皮，取来制作砚和托座，不值什么钱。璞中之玉有长和宽均为 33 厘米左右，而且没有任何瑕疵的那种，被古时的帝王用来作印玺。

河中捞玉
开采玉矿石通常有两种方式，一种是直接在岩石中开采；另一种是玉矿石风化后崩入山沟，被雨水带入河中而被捞出来。从河中捞出的玉被称为“籽玉”。本文介绍的是第二种采玉方式。

玛瑙、水晶和琉璃

除了珍珠和美玉外，古人也喜爱用玛瑙、水晶和琉璃制作精美的饰品。其中，水晶是比较稀有的珍贵矿石，价格比较高。玛瑙在我国产地较多，因而价格不高。琉璃石是一种矿石，只产于西域地区。现在，让我们一起来了解一下玛瑙、水晶和琉璃分别是怎么开采、制作的吧。

除了前面提到的珍珠、宝石和玉石之外，古代还有其他宝物，比如玛瑙、水晶和琉璃等。

玛瑙做成的手串

玛瑙既不是宝石，又不是宝玉。玛瑙主要用来制作发髻上别的簪子和缝在衣服上的扣子之类，或者用来制成棋子，最大的玛瑙则用来制作屏风及桌面。上等玛瑙产于塞外羌族地区的沙漠中，但中原地区也有出产。辨试玛瑙真伪的方法是用木头在玛瑙上摩擦，不发热的为真品。

中国古代生产的水晶要比玛瑙少些。水晶大多产于深山洞穴内的瀑流、石缝之中。古人认为，水晶还没离开洞穴之时，又绵又软，只有经过风吹后才变硬。琢工为了方便，就在洞穴里将水晶制成粗坯，再带回去加工，这样可省下九成的力气。

琉璃石光亮透明，但不产于中原地区，而产于新疆及其以西的地区。琉璃石五色俱全，中原人都很喜欢，就用尽一切技能来仿制。于是烧成砖瓦，涂上琉璃石釉料制成黄、绿颜色的，就叫作琉璃瓦。将琉璃石与羊角煎化，就制成了琉璃碗，用来盛油或作灯罩。将羊角、硝石、铅与用铜线穿起来的火齐珠混合在一起炼化，就制成了琉璃灯。

知识链接

玛瑙和水晶的区别

玛瑙和水晶都属于珍贵、稀有的晶体矿石，两者的透明度有比较明显的区别：玛瑙是天然形成的晶体矿物，内部会存有一些絮状物，即使是顶级的玛瑙中，它的内部中也存在少许内含物，而水晶透明度较高，内部瑕疵和杂质较少。

玛瑙寺长鸣钟（节选）

明·张岱

女娲炼石如炼铜，铸出梵王千斛钟。

仆夫泉清洗刷早，半是顽铜半玛瑙。

采集水晶

受时代局限，古人认为，琢工采集的水晶没有离开洞穴时是绵软的，风吹后才变硬。其实这种说法没有科学依据。

古法琉璃做成的各种物品

作为中国古老传统工艺中独有的一种工艺，中国古法琉璃有着两千多年的历史和文化传承。古法琉璃，采用“琉璃石”加入“琉璃母”烧制而成。古法琉璃制成的物品主要有宫灯、琉璃瓦、琉璃碗等。

琉璃瓦

古代琉璃坐地宫灯

琉璃碗

古代“文化人”的日常斗嘴

这一局还望贤弟拿出真本事来，要是被我出的题难倒，传到乡里可就丢人了。

王秀才

王兄尽管放马过来！

刘秀才

中国古代四大发明分别是什么？

王秀才

造纸术、印刷术、指南针、火药。

刘秀才

中国历史上最早的纸币出现在什么朝代？叫什么？

王秀才

北宋时期的交子是中国最早的纸币。

刘秀才

人们常说的“文房四宝”以哪里出产的最为有名？

王秀才

湖笔（浙江湖州制造的毛笔），徽墨（徽州出产的墨），宣纸（安徽宣城出产的书画用纸），端砚（广东高要端溪地方出产的砚台）。

刘秀才

曹操在《短歌行》中说“何以解忧，唯有杜康”。“杜康”指的是什么？

王秀才

杜康指酒，相传杜康是周朝时善于酿酒的人，后来“杜康”成了酒的代称。

刘秀才

又全对啦，贤弟你可真是个“人才”。

王秀才

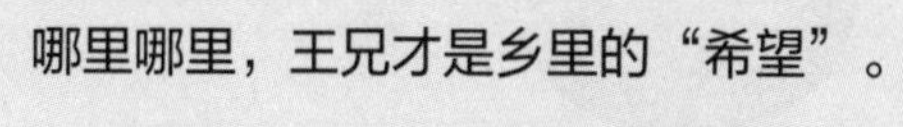

刘秀才

孩子看得懂的天工开物

冶铸造兵器

大眼蛙童书　编绘

全国百佳图书出版单位
化学工业出版社
·北　京·

目录

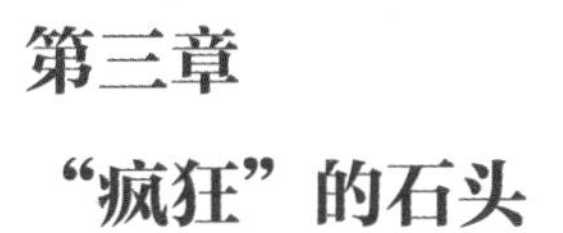

第三章
“疯狂”的石头

第四章
敲敲打打的手艺

第五章
兵器和火器

第一章

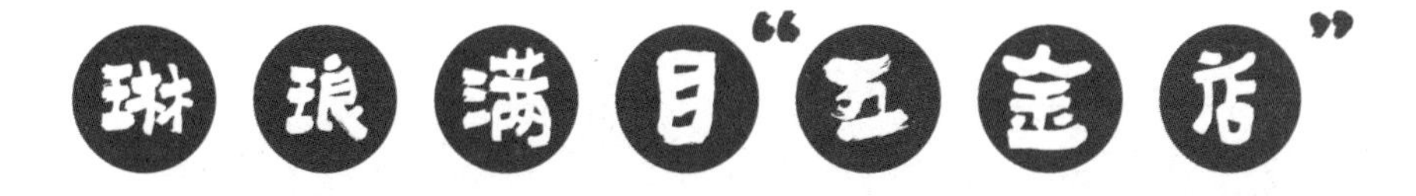

金、银、铜、铁、锡五种金属，在古代被称为“五金”，现代则泛指金属或金属制品。“五金”经过加工后可制成各种器具，对人类社会的发展具有非常重要的作用。这一章，就让我们一起来了解古代是如何开采和冶炼“五金”的吧。

采金和铸银

金和银是“五金”中比较贵重的金属，在古代金、银都可以用来制造货币。但金、银一般都藏在深山老林里，非常难找。那古人又是怎样找到金矿和银矿的呢？

黄金是“五金”中最贵重的金属，熔化成形后，几乎不会再发生变化。古时候，中国的产金地多数在西南地区。在有的地方，平地掘井得到的金叫“面沙金”，大块的叫“豆粒金”。金矿石经过淘洗后再进行冶炼才能得到金块。

黄金在常见金属中的比重最大。同样的重量，黄金的体积最小。黄金比较柔软，在冶炼的过程中，最初是浅黄色，当炼到变成赤色时，就得到纯金了。

在古代很长一段时间里，白银是流通的货币，就像现在的纸币一样。

在古代，产银最多的地方是云南。凡是石洞里有银矿砂的，所在的山上就会出现一堆堆浅褐色的小石头。矿藏分成很多条支脉。一般采矿的人要挖一二十丈（约30至70米）深才能找到银矿脉。银矿脉像树枝那样分成主干和枝杈。寻找银矿脉常要分几路挖掘，

凿山挖金
古代的采金人在山上凿挖30米多深，如果看到伴金石，就找到金砂了。伴金石是一种褐色的石头，它的一头是黑色的，像被火烧过一样。

当挖到的土里杂有黄色碎石时，就离银矿脉不远了。

银矿砂根据品质分成几个等级，等级越高，品质就越高，炼出来的银也就越多。炼银的炉子是用土筑成的，炉底下铺上一层碎瓷片和炭灰，炉旁砌一道砖墙用来隔热，风箱安装在墙的另一侧，由两三个人拉动鼓风。如果火力够了，炉里的银矿砂就会熔化成团，但是这时的银里面还有铅需要再分离。等熔成团的银矿石冷却后，取出放入分金炉里，透过一个小门分辨火候。可以用风箱或扇子来加大火力，当达到一定的温度时，银矿石会重新熔化，铅氧化后会沉到炉底，这样银就提炼出来了。

古人常在银矿石的炼制过程中加入铅，帮助提炼出银，然后再使铅氧化，从而得到纯度比较高的银。
分金炉提纯

铜的由来

因为红铜使用的比较少，所以古人通常在炼铜时加入不同物质而炼成各种铜，比如黄铜、白铜、青铜、响铜、铸铜等。

自然界中有各种各样的铜矿石，烧炼可以得到红铜。制作不同的器具，需要的铜却不一样。那么，那些不同种类的铜是怎么炼出来的呢？

凡供世间用的铜，开采后熔炼得来的只有红铜一种。但是如果加入炉甘石或者锌共同熔炼，就会转变成黄铜；如果加入砒霜之类的药物，就可以炼成白铜；加入明矾和硝石等可炼成青色的铜；加入锡可炼成响铜；加入锌可炼成铸铜。

产铜的山一般都会夹土带石，要挖几丈（约 10 米以上）深才能找到矿石。这样的矿石仍然有一些岩石包在外层。这些岩石的形状好像礓石那样，表面呈现一些铜的斑点，又称为铜璞。铜矿石里面的铜砂大小、形状和光泽不一样，炼铜的时候，需要先把铜砂夹带着的土滓淘洗掉，再放进炼铜炉里熔炼。

深山采铜矿石
铜矿到处都有，根据《山海经》记载，全中国产铜的地方共有四百六十七处。

有的铜矿石只含铜，放进炉里一炼即成。有的却和铅混杂在一起，炼这种铜矿石时，要在炉旁留高低两个孔，先熔化的铅从上孔流出，后熔化的铜则从下孔流出。

将红铜炼成黄铜，要把一百斤自风煤放入炉里烧，然后在一个泥瓦罐里装红铜十斤、炉甘石六斤，把罐放入炉内，让原料自然熔化。后来因为炉甘石挥发得太厉害，损耗太大，就改用锌。每六斤红铜，配四斤锌，先后放入罐里熔化，冷却后取出即得到黄铜，供人们打造各种器物。

制造乐器用的响铜，要把不含铅的锡放进罐里与铜同熔。制造铜锣、铜鼓一类的乐器，一般用八斤红铜，掺入二斤锡；锤制铙（náo）、钹（bó），所用的铜、锡还须进一步精炼。

生铁和熟铁

铁分为生铁和熟铁两种。生铁的冶炼工序比较简单，熟铁就比较复杂了，要多几道工序。现在，让我们了解一下生铁和熟铁是怎么冶炼出来的吧。

中国到处都有铁矿，而且都是浅藏在地表附近的，其中以平原和丘陵地带出产得最多。

有种叫“土锭铁”的铁矿石露在泥土表面，形状像黑色的秤砣，从远处看像一块铁，用手一捏却成了碎土。如果要进行冶炼，就要把在表面上的这些铁矿石收拾起来；下雨地湿时，还可以用牛犁耕浅土，再把那些浅埋在泥土里的铁矿石都捡起来。还有一种铁矿石，叫“砂铁”，埋得稍微深一点儿，挖开表层土就能看到。

铁分为生铁和熟铁两种。其中已经出炉但没炒过的是生铁，炒过后的是熟铁。把生铁和熟铁混合熔炼就能炼出钢来。炼铁炉是用掺盐的泥土砌成的，这种炉子大多在矿山附近，也有的是用多根大木头围成框框再在外涂上掺盐泥土建成的。

一座炼铁炉可以装铁矿石 2000 多斤（1000 余公

淘洗“砂铁”

砂铁，一挖开土表层就能找到，把它取出来后进行淘洗，再入炉冶炼。这样熔炼出来的铁跟来自“土锭铁”的完全是一种品质。

斤），燃料有的用硬木柴，有的用煤或者用木炭，在南方或北方可因地制宜就地取材。

炼铁的风箱要由几个人一起推拉。铁矿石化成了铁水之后，就会从炼铁炉腰孔中流出来，每隔两小时出一次，铁水流出后立即用叉拨泥把孔塞住，然后再鼓风熔炼。

如果是炼生铁，就让铁水注入条形或者圆形的模子里。如果是炼熟铁，就让铁水流进离炉子稍远又稍低的方塘里，四周砌上矮墙，几个人拿着柳木棍，站在矮墙上。事先将污潮泥晒干，捣成粉，再筛成像面粉一样的细末。一个人迅速把泥粉均匀地撒在铁水上面，另外几个人就用柳木棍猛烈搅拌，这样很快就将铁水炒成熟铁。

生铁和熟铁的炼制
铁有生铁和熟铁之分。冶炼时，首先要在圆形的炼炉中放入铁矿石，等达到一定温度后，生铁水会从炉腰的流口处流出来，冷却后就是生铁块。若要炼成熟铁，就要将生铁水引入方形池塘内，加入泥灰搅拌，冷却后可以获得熟铁。

了解一下锡、铅、锌

锡、铅、锌是人们常用的，也是容易混淆的三种金属。在古代，锡和铅都被称为“青金”。锌虽然不属于“五金”，但仍是相当重要的金属。因而，我们也应该了解一下它。

锡的炼制流程

锡矿分为山锡和水锡两种。

锡矿石熔炼时也要用洪炉，每炉可放入锡矿砂数百斤，添加的木炭也要数百斤，一起鼓风熔炼。当火力足够时，锡矿砂还不一定能马上熔化，这时要掺少量的铅作引子，锡才会顺利地流出来。也有采用别人的炼锡炉渣去作引子的。

洪炉炉底用炭末和瓷器粉末铺成平池，炉旁装有一条铁管小槽，炼出的锡水引流入炉外低池内。锡出炉时洁白，可是太过硬脆，一经敲打就会碎裂，要加入铅使锡变软，才能用来制造各种器具。

铅的分类和炼制流程

铅矿分三种：第一种出于银矿脉中，叫白银矿铅，初炼时和银熔成一团，再炼时脱离银而沉底，名为银铅矿；第二种夹在铜矿里，入洪炉冶炼时，铅比铜先熔化流出，名为铜山铅；第三种产自在山洞中找到的纯铅矿，开采的人凿开山石，点着油灯在山洞里寻找铅矿脉，其艰难曲折跟采银矿石一样。采出来后再淘洗、熔炼，名为草节铅。

熔炼银矿铅要先从银铅矿中提取银，剩下的作为“炉底”，再进一步炼成铅。草节铅则单独放入洪炉里冶炼，洪炉旁通一根管子，以便将铅水浇注入长条形的土槽里，这样铸成的铅俗名叫作“扁担铅”，也叫作“出山铅”，用以区别从银炉里多次熔炼出来的那种铅。铅的价值虽然低贱，可是变化却多，白粉和黄丹便是由铅变化而成。此外，促使白银矿的“炉底”提炼精纯，使锡变得很柔软，都是铅起的作用。

锌的炼制流程

锌是从炉甘石中提炼出来的。炉甘石里含有大量的锌的成分，在陶罐里装满炉甘石，用煤饼垫起，铺上木柴点火燃烧。等冷却后把陶罐打碎，锌就出来了。

山锡与水锡
广西河池盛产山锡，山锡多数埋藏在较浅的土层中，便于人工挖掘和开采。广西南丹盛产水锡，潜藏在南丹地区的河流之中，需要人们从河流中淘取。
炼锡
冶炼金属矿物的熔炉大致相似，但是在炼锡时，还要加入一些铅，当作引子，只有这样，才能将锡从矿石中提炼出来。
炼锌

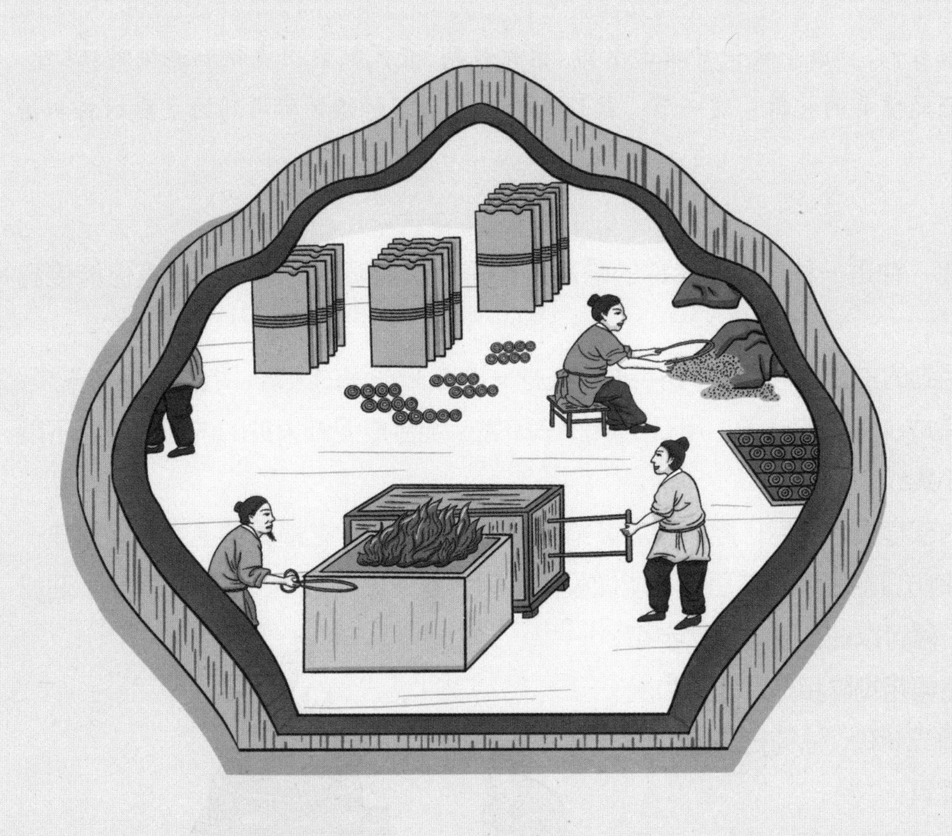

第二章

自从有了冶炼金属的技术后，越来越多的礼器和生活用品由金属铸造而成。在这一章我们一起来了解一下钟、锅、铜钱的铸造方法和步骤。阅读本章时，最好能和第一章联系起来，以便能更深入地了解古代金属器物的制造过程。

大钟怎么造

在我国古代，钟最早是一种敲击乐器。春秋时期，先民就会用青铜制造编钟。此外，钟在古代还是重要的礼器。这一节，就让我们一起来了解铸钟所用到的主要材料和铸造工艺吧。

在古代，钟是一种乐器，大钟的响声 5 公里外都能听到，小钟的响声也能传到 500 米外。

铸钟用到的主要原料是铜。铸钟时，先挖一个 3 米多深的大坑，坑内要保持干燥，并将它构造成小房子的样子。用石灰、沙子和黏土混合成泥做大钟的内部模具，不能有丝毫的小裂纹。

这个内部模具干燥后，用牛油加黄蜡在上面涂几寸厚。在模具的上方可以搭建一个棚子用来防日晒雨淋。在夏天不能做模具，因为夏天天热，油、蜡不能凝结。油蜡层涂好后，就可以在上面雕刻文字和图案。之后再用捣碎和筛过的土和炭的粉末，调成糊状，涂铺在油蜡上，做成外部模具。

等外部模具干燥后，就在上面用慢火烤炙，遇热后油蜡就会熔化后从模具的开口处流干净。这时内外模具之间就是空的，这个空间就是钟成型的地方。这样钟的模具就做成了。

有了模具后，就要在它四周建几个熔炉和泥槽，槽的上端与炉的出口连接，下端斜着接到模具的连接口上，槽的两旁用炭火围起来。铜熔化后就一齐打开出口，铜液就会像水一样沿着泥槽注入模具里，钟就铸成了。

模具制造

铸钟首先要用泥块按照器物的形状塑出内外模具，然后进行铸造。

大钟的铸造

一般来说，大钟的铸造要由很多人分工协作，费时费力，需要较长时间才能完成。

铁锅的铸造

我国早期的锅名叫釜，是用青铜制成的，非常笨重。自从铁的冶炼技术达到一定水平后，铁锅就逐渐取代了青铜釜，成为常用的炊具。铁锅和钟的制造流程有些相似，仅多出几道工序。现在让我们一起来了解古人是怎样造锅的吧！

锅是用来炒菜、蒸煮食物的厨具。古代，主要用生铁或者废旧铁器作为原料铸造铁锅。

那铁锅是怎么造出来的呢？它的铸造方法跟钟相似，先做一个内模，等内模干燥后，按铁锅形状及精确的尺寸计算好，再做出一个外模。

模具做好干燥后，用泥做一个熔铁炉，炉膛要像个锅，里面放入生铁。炉子的背面接一条通到风箱的管子。炉子的前面要事先捏出来一个出铁水的口。这样熔化了的铁水就能流出来了。然后用大铁勺将流出来的铁水倒进模具里，一般一勺铁水能铸一口铁锅，等铁水凉透就可以揭开外模看一下有没有裂缝。锅有裂缝是不是就不能用了？当然不是。如果发现裂缝就要再浇一点铁水，并用湿草片按平就可以了。用生铁造的锅，需要修补的地方往往很多。但用废铁回炉熔铸的锅，就没有需要修补的裂缝了。

七步诗
三国·曹植
煮豆燃豆萁，豆在釜中泣。
本是同根生，相煎何太急？
《七步诗》是一首由三国时期魏国文人曹植创作的五言诗，诗中提到的“釜”就是指锅。

铁锅的铸造
铸锅的原料大部分是生铁。锅的形状多种多样，主要取决于内外模具的设计。模具可以一模多用，铸造方法跟铸钟差不多。

打造小小铜钱

铜钱是古代重要的流通货币，相当于现代的硬币。自汉武帝时起，只有官府才能铸造钱币，私人铸币是会被抓住起来关监狱的。现在，让我们一起来了解一下，古人是怎样铸造铜钱的吧！

秦汉以来，古人用的铜钱大多是圆形的，在中间有个方孔。铜钱在使用的时候常常是用绳子串起来的。这个孔为什么是方的呢？这是因为铜钱在模子里铸成后，工匠会把许多枚铜钱串在木棍上打磨，如果中间的孔是圆的，打磨时铜钱就会转动，很不方便，于是工匠就将它制成方的。

铸钱用的模具是用木条做成的木框，里面塞满泥粉和炭粉的混合物，上面撒一层木炭粉，把用锡做好的钱模（母钱）按正面或反面的同一面放进去，再撒一层灰盖上，模具就做好了。铜钱是用铜和锌这两种金属铸成的。铸钱时，先把铜放进炉子里熔化，再加入锌，两种金属熔合后，就倒进模具里。但是钱币太小了，一次铸一层不合算，一般会做出十几套框模，叠合在一起，用绳捆绑好，一起浇铸。

模具木框的边缘留有一个小口，方便注入熔液。两个人合作把熔化的铜锌合金熔液倒进模具里。冷却后，解开绳索，打开模具，就可以把铜钱一片片地取出来，再用木棍穿起来，用锉来来磨铜钱的边，让它变得平滑，这样铜钱就做出来了。

古代钱币和模具

图中分别是战国时期齐国的刀形币及模具，铜钱石模具，王莽时期的“大泉五十”铜模具，金币及其模具。

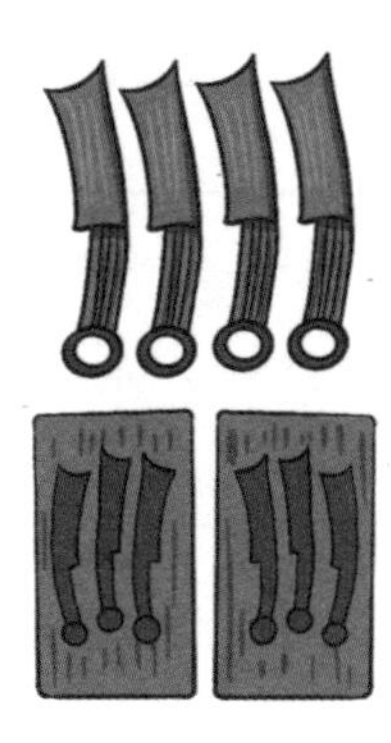
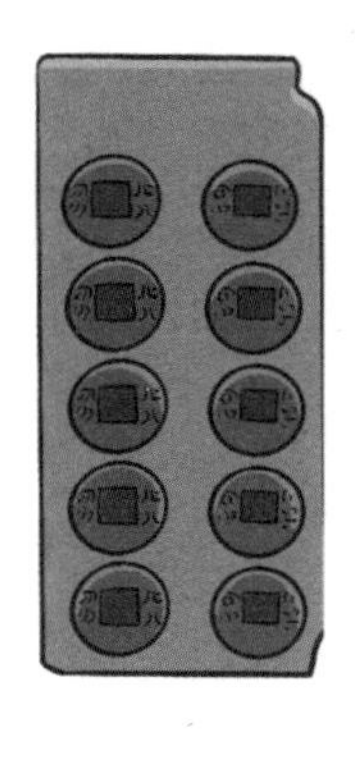

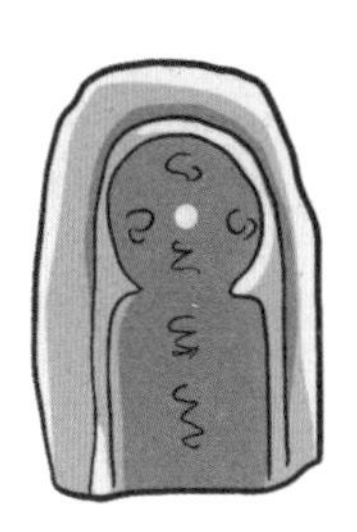

铸钱流程

在用木条做成的木框模具里，填上泥粉，上面放上钱币母钱。为了提高效率，一般会利用钱币的正反面反复做出十几套框模，叠合在一起，用绳捆绑好，一起浇铸。浇铸时，倒入熔化后的铜锌合金熔液，需要两个人协同合作才能完成。

磨钱工艺

浇铸出来的钱币，等金属冷却打开模框时，边缘一般是树枝形状，所以要一个一个摘掉并加工打磨，才可以得到一枚一枚圆形方孔的铜钱。

第三章

“疯狂”的石头

石灰、煤炭、药矾等是我国古代重要的非金属矿物。它们广泛应用于工业生产之中，有着重要的作用，比如煤可以冶炼金属，石灰是建筑业和造船业重要的原料等。这一章，就让我们一起来了解非金属矿物的开采与制造方法吧。

石灰的秘密

建造房子时，人们常常将石灰和沙子搅拌在一起，用来砌墙。我们都知道石灰是一种白色的粉末，那么最初它是不是这个样子的呢？下面，就让我们一起来了解一下石灰是怎么烧制出来的吧！

在古代，石灰是盖房子的重要材料，在造木船时还可以充当黏合剂。因为石灰一旦成形，即便遇到水也不会变化。房子的墙壁和木船的船缝，凡是需要填隙防水的地方，一定会用到它。

那么石灰是怎么来的呢？凡是石灰，都是由石灰石经过烈火煅烧而成的。

海边凿取蛎房
古时候，在沿海地区，人们使用蛎灰来建房、造桥、修补漏缝。古人把岩石上长年累月堆积的被海浪带来的牡蛎的硬壳收集起来烧制，烧出来蛎灰就可以作建筑材料。

石灰吟

明·于谦

千锤万凿出深山，烈火焚烧若等闲。

粉骨碎身全不怕，要留清白在人间。

把石灰石烧成石灰

在古代，烧制石灰的方法不太复杂，只要将筛选好的石灰石和煤饼一层一层交替码放后烧制即可。直接烧出来的是生石灰，加水调和即可得到熟石灰。

石灰石一般埋藏在地下深大约一米的地方，可以挖出来进行煅烧。不过表面已经风化的石灰石就不用挖了，因为它们已经不能用了。

古代烧制石灰使用的燃料中，煤占了十分之九，柴火或木炭只占十分之一。烧制石灰的时候，先把煤掺和泥做成煤饼，然后一层煤饼一层石灰石交替堆砌起来，接下来点火燃烧。火候到了，石灰石就会变脆，放在空气中会慢慢风化成粉末。这种粉末就是石灰。着急用的时候，就在刚烧好的石灰石上洒上水，石灰石也会自动散开，直接化成熟生灰。

海边的长在石头上的蛎房烧制后也能得到石灰一样的蛎灰粉。凿取蛎房要带好锥子和凿子、锤子等工具。牡蛎的肉可以吃，壳则可以烧成石灰一样的蛎灰。

煤矿里的工作

煤是生活中常见的燃料。煤的种类有很多，用途也不一样。煤很便宜，但挖煤却辛苦又危险。因为煤矿一旦塌方，煤矿工人就可能丢掉性命。所以，挖煤时，人们都会做好各种防护工作。现在让我们一起来看看吧。

在古代，煤炭在各地都有出产，主要用来冶炼和锻造。它大致分为明煤、碎煤和末煤三种。

明煤块头大，有的像脸盆那么大。这种煤质量很高，燃烧的时候，不必用风箱鼓风，只需加入少量木炭引燃，便能日夜不停地熊熊燃烧。明煤的碎屑，经常被用来与干净的黄土调水做成煤饼（跟现在的煤球差不多）来烧。

碎煤有两种，分别叫饭炭和铁炭。二者的区别就在于点燃后火焰的高低。燃烧时，火焰高的叫作饭炭，主要用来煮饭；火焰平的叫作铁炭，主要用于冶炼。使用碎煤前，要先用水浇湿，放进炉子后还需要用风箱鼓风才能烧红，之后只要不断添煤，就可以不断地燃烧。

呈粉状的末煤叫作自来风，把它用泥水调成饼状，放到炉子里点燃之后，便可以像明煤一样不停地燃烧起来。

上述三种煤是怎么开采的呢？

开采煤矿有两种方式，露天开采和矿井开采。露天采煤相对简单些。矿井采煤的难度和危险性则要大很多。采矿经验丰富的人，可以通过地面上的土质情况判断地下有没有煤，但也需要深挖才能找到煤。

挖到煤层时，会冒出很多毒气（瓦斯），人吸到这种毒气会中毒，甚至死亡。所以聪明的古人就会想办法解决这个问题。他们会将大竹筒的末端削尖，把竹筒里面的隔断全部凿通，然后将尖端插入煤层，毒气就会顺着竹筒排出。毒气排完后，就可以下到煤层挖煤了。挖煤的时候因为是在地下的洞里，人们会用木板做支撑，以防洞上面的土压塌矿洞。

矿井挖煤

中国是世界上最早发现和使用煤的国家。马可·波罗在 1275 年游历中国时，曾称煤为“黑石头”，说明那时候欧洲还没有使用煤呢！图中描绘的是煤矿采煤的情景。值得注意的是，那时候煤矿已经有排毒气的竹管和防止坍塌的初级保护设施。

硫黄的由来

硫黄是一种带有特殊臭味的淡黄色、脆性结晶或粉末状固体，用途非常广泛，可以用来制造染料、农药、火柴、火药、橡胶、人造丝等，但在古代提取硫黄却不是一件简单的事。现在，我们一起来了解一下提取硫黄的工序吧。

硫黄是烧煤时产生的液体经冷却后得到的固体，可以用来制作火药、农药等。

提炼硫黄的硫铁矿石与煤的矿石的形状相同。

烧制硫黄时，先用煤饼把硫铁矿石包裹并堆积起来，外面用泥土夯实并做成炉子。炉子上面用硫黄旧渣盖住，中间隆起部位开一个圆孔。再盖上一个钵盂，炉内矿石燃烧到一定程度，炉孔内就会有黄色的气体飘出。因气体被顶部的钵盂阻挡，于是冷凝后，便化为液体沿着钵盂的内壁流入凹槽，又通过小眼沿着冷却管道流进小池子，最终凝结成固体硫黄。

用含煤的黄铁矿烧取皂矾时候，会有黄色的蒸气上升，把这些蒸气收集凝结，也可以得到硫黄。

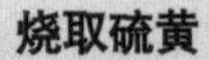

从图中可以看到，燃烧炉由煤饼包裹堆砌，外面用泥土包裹得严严实实的。

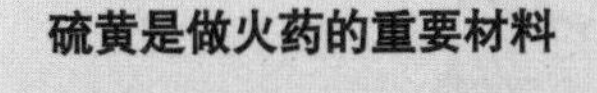

火药主要是由硝酸钾、木炭和硫黄混合而成的。它作为中国四大发明之一，是人类文明史上的一项杰出的成就。

皂矾与砒石

皂矾可以用来解毒，砒霜却是剧毒之物。但这两种禀性决然不同的物质的提炼流程却大致相同，让我们一起来了解一下吧！

皂矾

烧矾是个大工程。提炼皂矾（浅蓝绿色）时，先挖取矾石，把它们放入炉内，再用煤饼包裹，然后在炉外砌土墙把炉子围起来，只在炉顶部留出一个圆孔，让火能从炉孔中透出，炉孔旁边用矾渣盖严实，然后从炉底生火，炉火估计要连续烧十天才可以熄灭。

烧制皂矾
皂矾是由矾石烧制而成的。它的用处很多，不仅可以用来给布料上色，还可以用来治病。把干燥的皂矾粉末撒在湿疹和疮疮等患处，有明显的治疗效果。

烧制砒霜
因为砒霜有剧毒，所以烧制的时候，必须站在上风口30多米远的地方。

火熄灭后，让矾石自然冷却，再放入水中进行溶解。过滤后将溶液入锅煮沸，煮到水快干时，上层结成的就是皂矾。

砒霜

砒石是用来提炼砒霜的原料。砒霜是一种剧毒物，无色无味，毒性很强，0.2 克这么一丁点儿就能夺人性命。

但砒霜也不是一无是处，在农业上就可以助我们一臂之力。使用得当的话，砒霜不仅可以驱除农田里的鼠害，还可以防治病虫使水稻丰收，是农民伯伯的好帮手。

烧制砒霜的时候，要先在地下挖个土窑堆放砒石，并在上面砌个弯弯曲曲的烟囱，再把铁锅倒过来覆盖在烟囱口上。在窑下烧火的时候，烟便从烟囱内上升，因出口被铁锅堵住，烟内的部分杂质便贴在锅的内壁上。

等到锅内的杂质约有三四厘米厚时便停火，冷却后，再次起火燃烧。这样反复几次，一直到锅内沾满砒霜为止。这时把锅拿下来摔碎，就可以得到砒霜了。

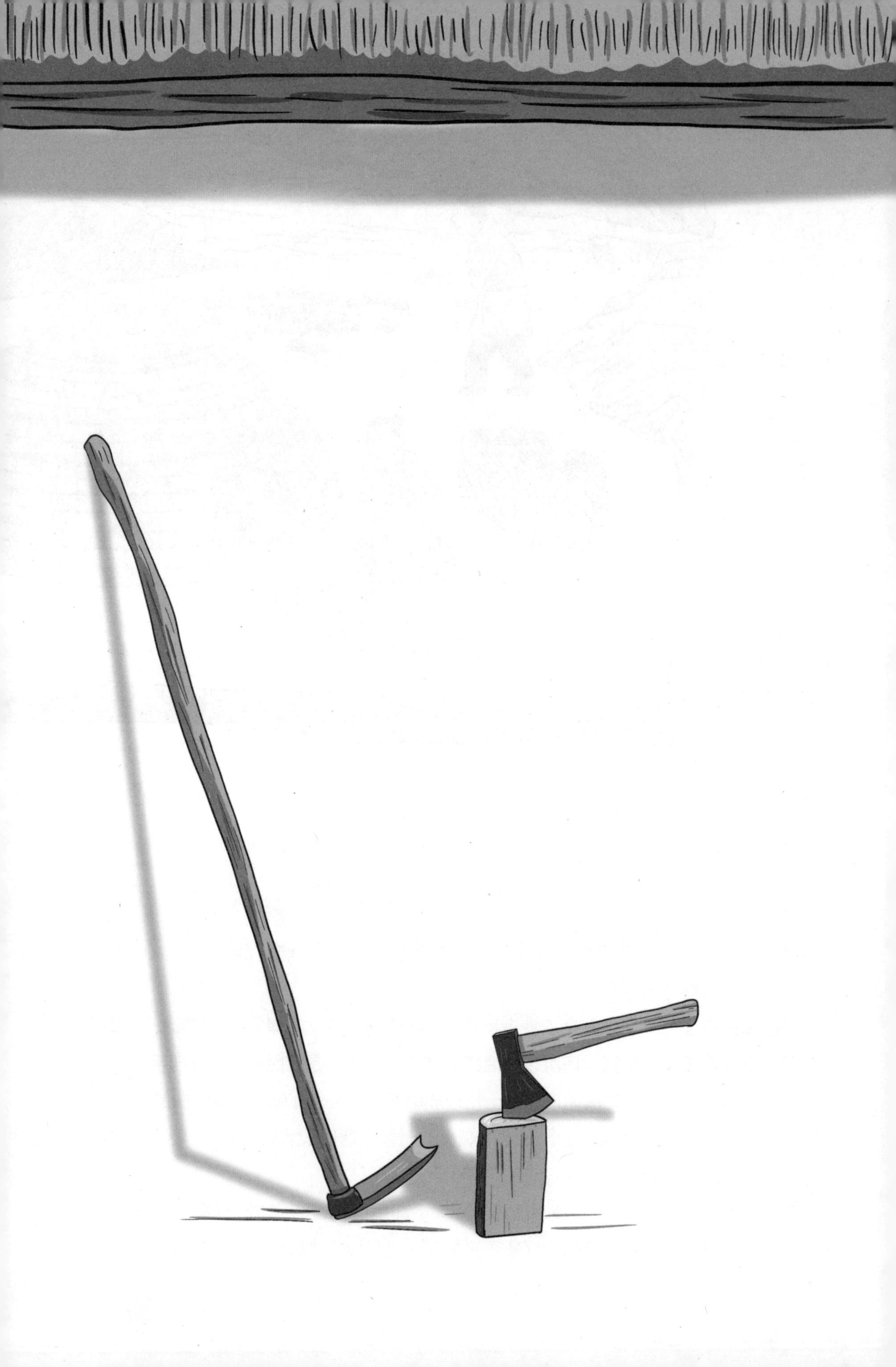

第四章

自从学会冶炼金属后，人们就将金属锻造成各种器具，既有重达千斤的大铁锚，又有轻若鸿毛的绣花针；既有生产用的锄头，又有打仗用的刀剑……这一章，就让我们一起来了解古人锻造各种工具和兵器的工艺流程吧。

刀斧和农具

武器和生产工具的先进程度，从一定程度上可以体现一个国家的技术水平。我国很早的时候就学会用各种金属来制造武器和农具。这一节，就让我们一起来看看古人是怎么打制不同的武器或农具的吧。

刀斧的制造

古人打仗用的兵器是刀、剑、斧头等，刀、剑比较薄，斧头背厚而刃薄。最好的刀剑，表面包的是精钢，里面用熟铁做骨架。如果不是钢面铁骨的话，用力劈杀就可能被折断。

兵器的形状、轻重、厚薄不一样，打造工艺也会不一样。

打制钢刀，要先把铁料在火炉里加热，烧成红彤彤的再取出，打制出刀的形状，进行包钢、嵌钢，再放进水里淬火，后在磨石上打磨，使表面光滑平整，这样一把锋利的好刀就做出来了。

打制斧头，要先把初步成型的铁斧嵌钢或包钢，再放进水里淬火，最后还得在磨石上打磨光滑平整。锻打斧头装木柄的空腔，要先锻打一条铁模当作冷骨，然后把烧红的铁包在这条铁模上敲打。冷铁模不会粘住烧红的铁，所以取出来后就形成了空腔，一把斧头就做成了。

农具的加工

锄头、犁、铁锹等农具，是农民伯伯开垦、平整土地、种植庄稼必不可少的工具。

打制农具时，先用熟铁锻造成型，再在农具口浇上生铁水，放进水里淬火，这样农具就变得坚硬有韧性。锻造的最佳比例，是 500 克重的锹、锄，浇上大约 10 克的生铁水，少了不够硬，多了又太硬会容易断。这里面也有好多学问呢！

知识链接

十八般兵器是哪十八般？

十八般兵器原先泛指多种武器，经过演变又称十八般武艺。近代有人将这十八种兵器总结为：刀、枪、剑、戟（jǐ）、斧、钺（yuè）、钩、叉、鞭、锏（jiǎn）、锤、戈（gē）、镋（tǎng）、棍、槊（shuò）、棒、矛、钯（pá），指使用十八般兵器的本领。

刀斧的制造

古代除草或松土的农具

一类是铲和铫（yáo），这类农具需要人拿着贴地平铲以除草松土，也可用来翻土；另一类是耨（nòu）、耘和锄，这类农具是向后用力以间苗、除草和松土。

农具的加工

沉甸甸的船锚

古代，最初的锚是用大石头制成的，称为“碇”（dìng）。用绳系住碇石沉入水底，就可以使船停泊。铁锚非常巨大，特别难制造，所以直到南朝时，我国才会制造铁锚。现在，我们一起来了解锚的制造流程吧！

船在航行中遇到大风大浪难以靠岸的时候，要靠锚才能稳定下来，锚是保持船体安全的关键。

战船或者海船的锚，可以重达千斤以上。

锻造船锚，要先做四个锚爪，再一个一个地接在锚身上。

怎么接呢？

如果是三百斤以内的船锚，可以先在炉旁安一个底座，锻件的接口两端都烧红后，就用包着铁皮的木棍把锻件夹到底座上锤接。

如果是重达一千斤的船锚，就需要先搭一个高高的木棚，几个人站在棚上一起用铁链拉动锚身，使锚身转动起来。另外几个人开始捶打锚的连接处。接铁用的“合药”，是用筛过的旧墙土做成的黏合剂。由一个人不断地将它撒在接口上，另外几个人不断地捶打，使锚爪与锚身锤合。这样，接口就不会有缝隙了。四个锚爪都接好后，锚就做好了。

知识链接

船锚的作用原理是什么？

船舶抛锚之后，锚牵引锚链沉至水底。当船舶受到扰动时，锚链就会被拉动，处于水底的锚会深深抓住水底，可以为船舶提供停泊的支持。

船锚的铸造

锚算是炉锤工作中最大的物件了，它的铸造需要多人合力才能完成。需要注意的是，黏合各个部件用的黏合剂，就是我们前面提到的旧墙土或者石灰。

铁棒磨成绣花针

很久以前，人类就有了缝衣服的针。最早出现的是骨针，后来又出现了铜针和钢针。古代钢针的制造工序除了打磨之外，还有好几道复杂的工序，我们一起来看看吧。

只要功夫深，铁杵磨成针。针真的是花时间慢慢磨出来的吗？当然不是，针也有自己精细的锻造工艺呢。

这种工艺可比磨铁要快多了。制造针时，先把铁片锤成细铁条，另外在一把铁尺上钻出小孔作为线眼，然后将细铁条从线眼里穿出拉成铁线，再将铁线剪成七八厘米长的小条，这样针的毛坯就做好了。

接着把针坯的一端锉尖，再锤扁另一端，用钢锥钻出针眼，把针的周围锉平整。最后放入锅中用慢火炒。

炒过后，用土、松木、豆豉三种东西粉末的混合物盖住，下面再用火烧。到了一定火候，开封取出，放入水中冷却（即淬火），这样针就做成了。

一般缝衣服和刺绣所用的针都比较硬，只有福建的一种缝帽子用的针比较软，因而又叫“柳条针”。针与针之间产生软硬差别的关键就在于淬火方法的不同。

《绮疏遗恨》之针

明·唐寅

乞巧楼前乞巧时，金针玉指弄春丝。

牛郎织女年年会，可惜容颜永别离。

知识链接

铁杵能磨成针吗？

传说，李白小时候比较贪玩。有一天，他没有上学，跑到一条小河边去玩，看见一位老婆婆在磨石上磨着一根铁棍。于是问她在干什么，老婆婆说：“我想把它磨成针。”李白被她的精神感动，从此奋发图强，刻苦读书，最终成为一名大诗人。

“铁杵磨成针”是一个比喻。事实上，针的制作有繁杂的工艺，并不是铁棒磨成的。

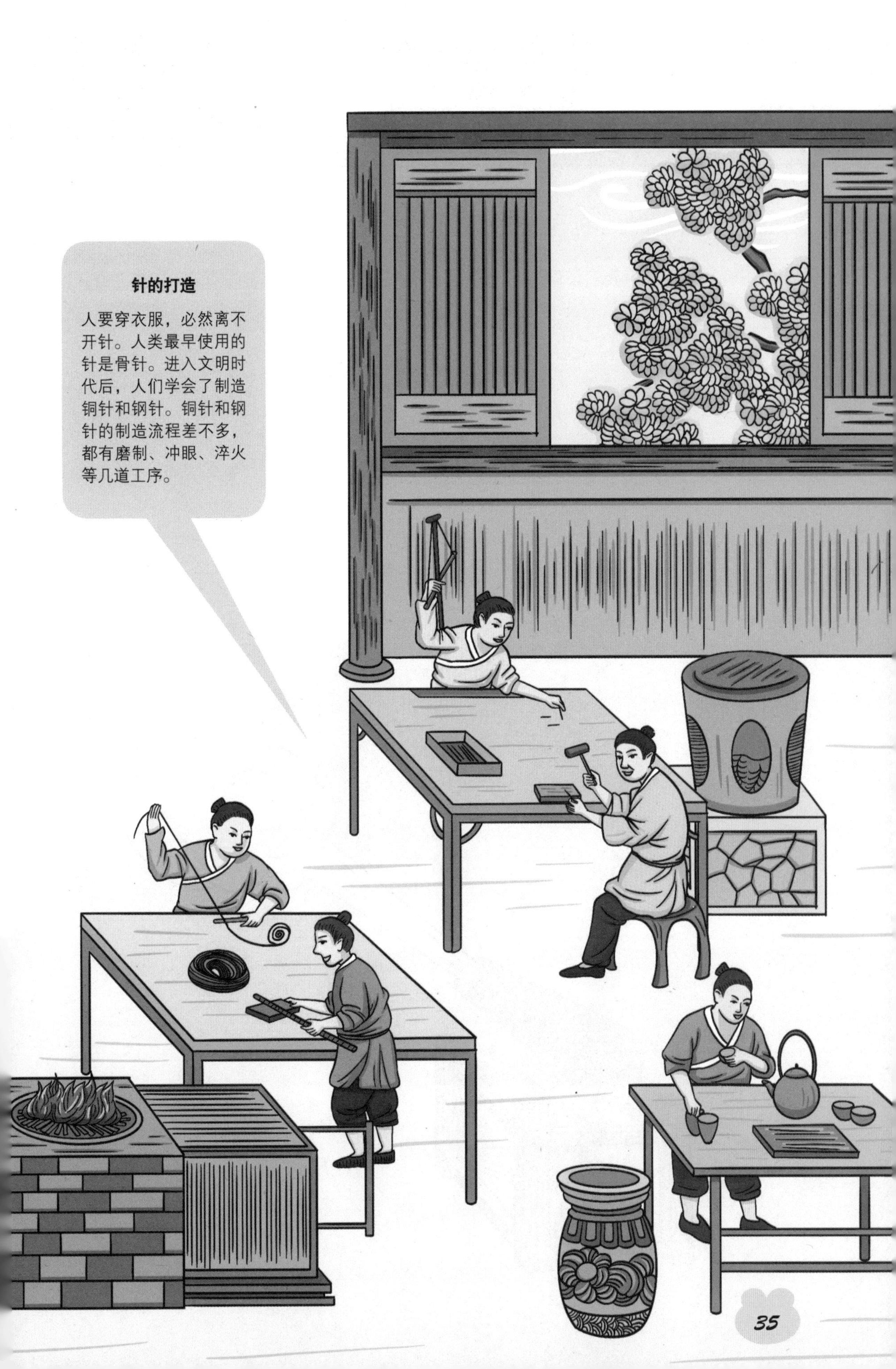
针的打造
人要穿衣服，必然离不开针。人类最早使用的针是骨针。进入文明时代后，人们学会了制造铜针和钢针。铜针和钢针的制造流程差不多，都有磨制、冲眼、淬火等几道工序。

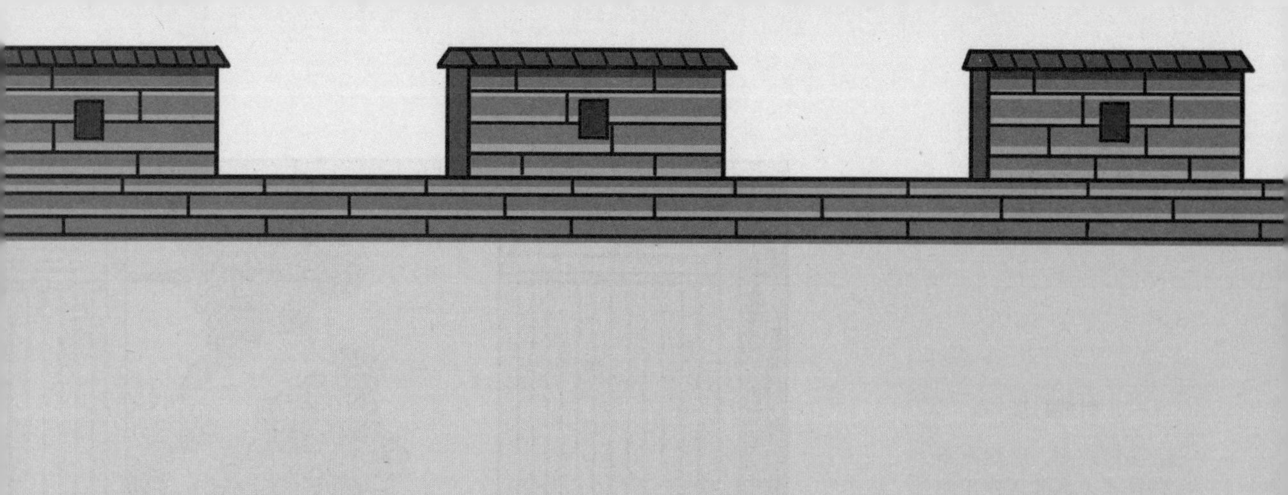

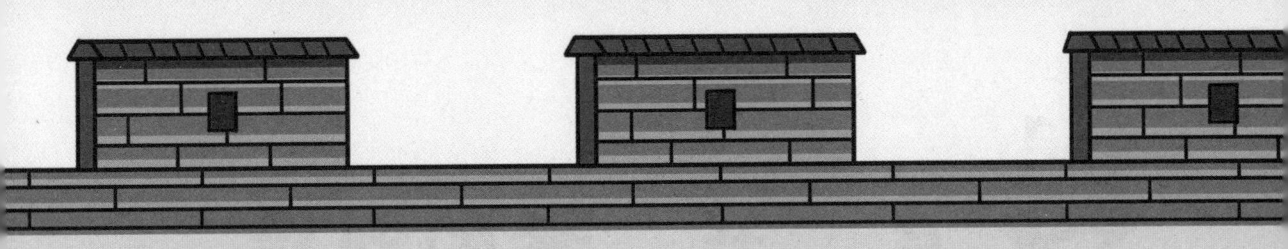

第五章

自古以来，兵器好坏都是能否打胜仗的重要因素之一。为了在战争中保护自己，打败敌人，每个国家都会绞尽脑汁发明和制造神奇兵器。明朝时，中国已经学会制作火药、火枪、地雷、水雷等具有巨大杀伤力的武器。这一章，让我们来看看这类武器是怎样制造出来的吧。

弓、箭、弩的制造

弓、箭、弩都是威力大、射程远的兵器。上古时代，我国就有后羿射九日的传说。至春秋时期弩才出现，但其射程比弓箭远，杀伤力也更强。现在，让我们看看弓、箭、弩是怎么制造出来的吧。

弓和弩是人类最早使用的远距离攻击武器，可以杀伤猎物，而且携带、使用方便。事先可以携带很多支箭，使用时连续发射。

先说造弓。造弓要用竹片和牛角做骨干，如果没有竹片的话可以找柔韧的木料来代替。竹片的两头接桑木。桑木的末端要留一个缺口，这是套弓弦的地方。牛角贴在竹片上，可以增加竹片的强度。弓做好后要放在屋梁高处，在地面上生火烤10～60天。弓怕潮湿，要好好保管，如果保管不好就会坏掉。

再说造箭。箭一般由箭头、箭杆和箭羽三部分

烘烤弓坯子

弓弦制作

弓弦是用牛脊骨里的一根细长的筋做的。这根筋取出来以后，要晒干，再用水浸泡，然后撕成像丝一样细。再把它们缠合后绑在弓末端的缺口上，就可以了。

测试弓力

造弓也要按使用者的力气大小来区分轻重。测定弓力时可以把重物绑在弓上，用秤钩钩住弓弦的中部，当弦满时，把秤秤平，就可以知道弓弦拉力的大小了。

组成。箭头是用铁铸成的，形状各不相同，有的像桃叶枪尖，有的像平头铁铲，也有三棱锥形的。箭杆的用料一般是竹子、柳木或桦木。做竹箭时，砍三四根竹子用胶黏合，再用刀削圆刮光，最后用漆丝缠紧两头，这样箭杆就做成了。柳木或桦木做的箭杆，只要选取圆直的枝条稍加削刮就可以了。箭射出去后，飞行是否正常，关键在箭羽。箭羽由三根翎羽合成，呈三足鼎立状被粘在箭杆的末端。

最后说造弩。弩是镇守营地的重要兵器，它是由弓发展而来的。弩主要由弩弓和弩臂两部分组成。弩臂一般用木头制作，前部有一个横贯的容弓孔，弓固定在其中。弩臂正面有一道直槽，是箭的发射区，可以保证箭射出去后沿直线前进。

炼丹炼出火药

火药是我国四大发明之一。早期用于辟邪、娱乐等。唐朝末年，火药才被用于军事。火药是古代杀伤力巨大的武器。这一节，让我们一起来看看火药是怎样被发明和制造出来的吧。

火药，顾名思义，就是“着火的药”。之所以被称为“药”，是因为它的主要成分硝石、硫黄都是古代常见的药物。火药，也是古人在炼丹时意外“制造”出来的。

传说，著名药物学家孙思邈在炼丹的时候，为了降低硫黄的毒性，就用硝石和木炭来让硫黄燃烧一部分，再用来制药。结果硫黄、硝石、木炭放在一起加热后爆炸了。在经过一次次的试验后，孙思邈发现把硫黄、硝石和木炭按一定的比例调配就制成了能爆炸的“火药”。

唐朝末期，火药成为一种非常厉害的防卫武器，用于防守等军事活动。只要遇到火或者强烈撞击，就会发生爆炸，威力很强。

火药虽然危险，但是也是劳动人民的好帮手，可以用来开山、采矿、筑路，庆祝节日放的鞭炮、烟花等也是用火药制成的呢。

孙思邈“制造火药”

唐朝初年，著名药物学家孙思邈在《丹经》中记载了“伏硫黄法”，这是目前发现的最早的有关火药配方的记载。

装有火药的“万人敌”

万人敌是明朝末期发明的一种重型爆炸武器。里面装的就是火药，威力巨大。

古代的各种火器

到了明代，我国古代火器发展到鼎盛时期。当时的火器品种颇多，形式复杂，有地雷、水雷、混江龙、鸟铳、火铳等。大明王朝组建了“神机营”，还出现了能连续发射100发的神机箭（火箭）。现在，让我们来看看明代是怎样制造火器的吧。

地雷

地雷由外壳、装药、引信组成，埋在地里，用一根竹管拉出引线到地上，只要点燃引线，地雷里的火药就能冲开泥土，把地面上的东西炸坏。

水雷

水雷又叫混江龙，先用皮囊包裹，再用漆密封，最后沉入水底，岸上用一条引线控制。皮囊里挂有火石和火镰，一旦牵动引线，皮囊里就会点火引爆。敌船如果碰到它就会被炸坏，但它有一个缺点，就是太笨重了。

鸟铳

鸟铳很像我们现在的长枪，大约有一米长，装火药的铁枪管嵌在木托上，便于手握。点火时，左手握铳对准目标，右手扣动扳机

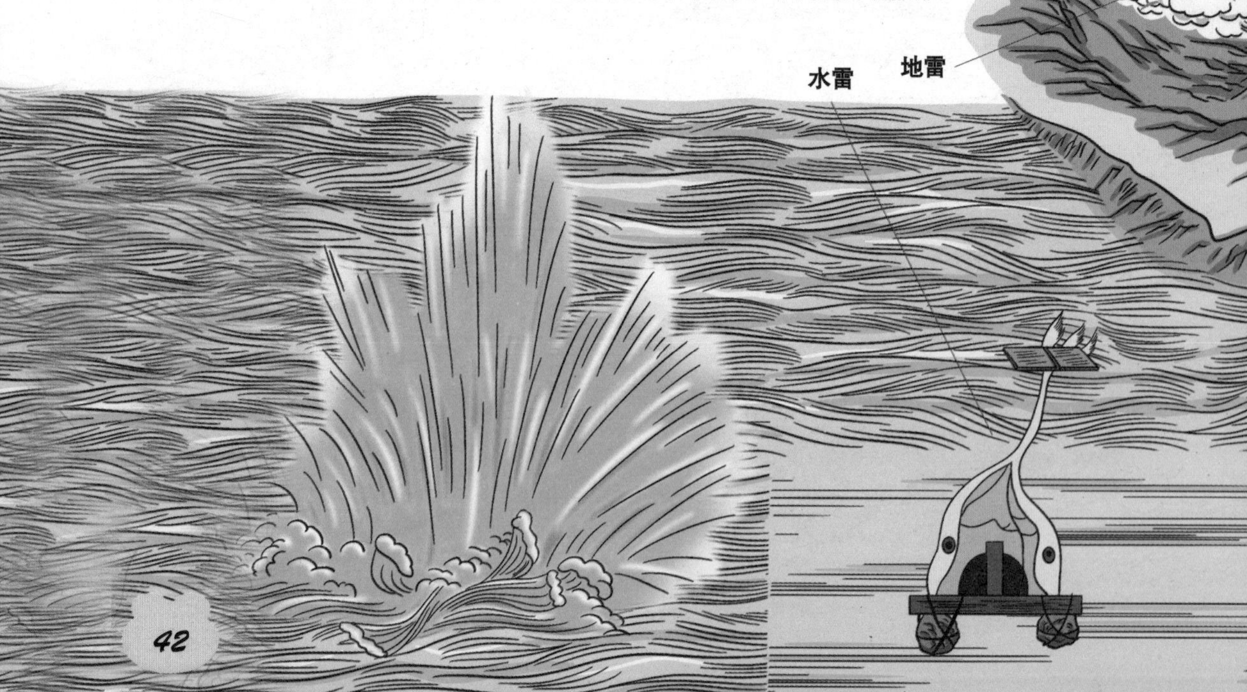

将火引到硝药上，一刹那弹丸就发射出去了。如果三十步之内的鸟雀被鸟铳打中，会被打得稀巴烂，在五十步以外打中还能看到它们是什么样子，到了一百步，火力就不及了。

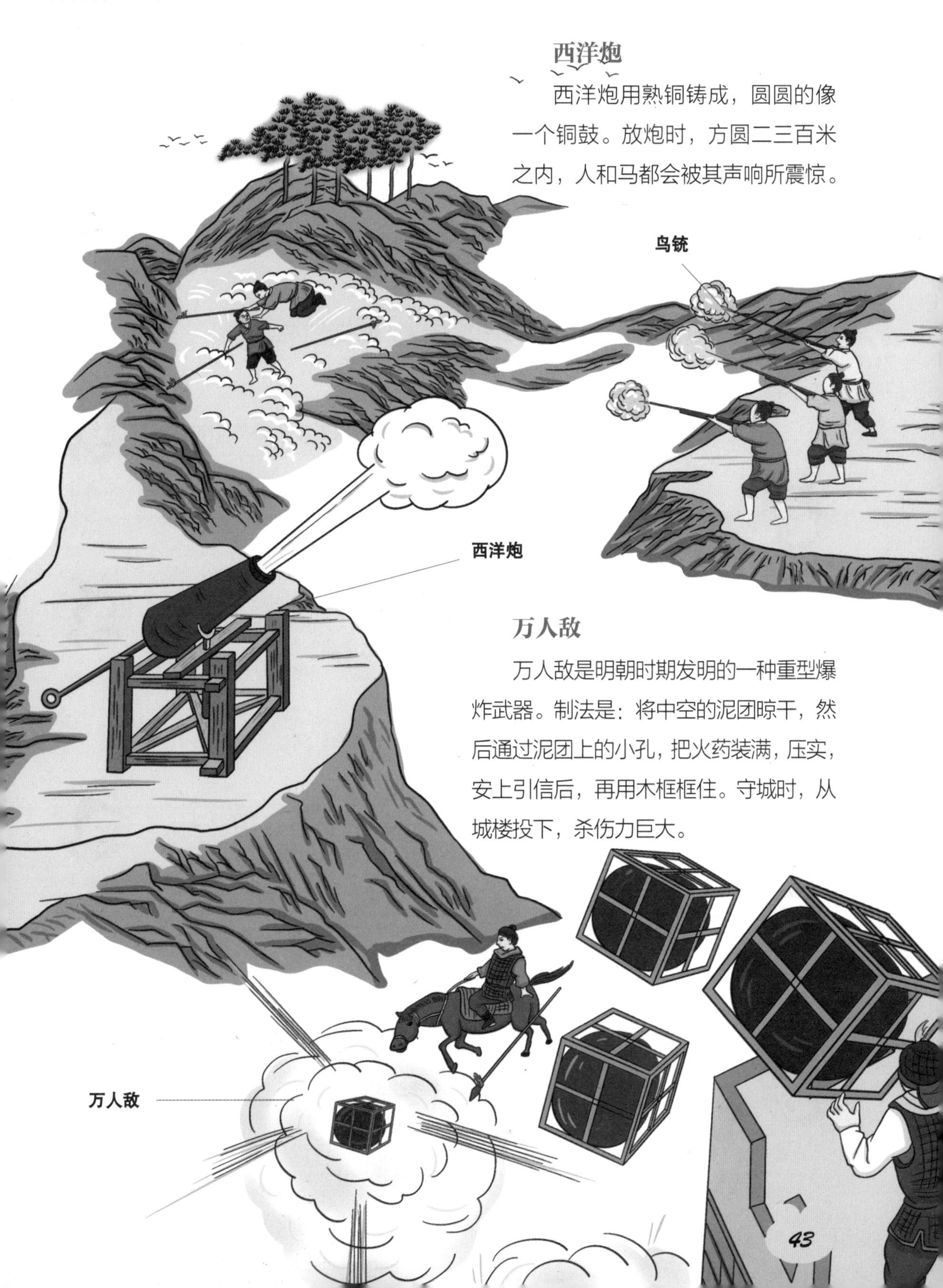

西洋炮

西洋炮用熟铜铸成，圆圆的像一个铜鼓。放炮时，方圆二三百米之内，人和马都会被其声响所震惊。

万人敌

万人敌是明朝时期发明的一种重型爆炸武器。制法是：将中空的泥团晾干，然后通过泥团上的小孔，把火药装满，压实，安上引信后，再用木框框住。守城时，从城楼投下，杀伤力巨大。

古代“文化人”的日常斗嘴

刘秀才

最后一局，要是王兄有一道题答错可就输给我了！

王秀才

少废话，一局决雌雄！哦，不对，是一局定胜负！

刘秀才

中国现存最大的青铜器是哪一件？

王秀才

是商代晚期的后母戊鼎。通高 133 厘米，重 875 千克。

刘秀才

秦始皇统一六国后发行的圆形方孔铜钱叫什么？

王秀才

秦半两。

刘秀才

据说三国时期蜀国的诸葛亮发明了一种武器，一次可以发十支箭，威力十足。这是什么武器？

王秀才

诸葛连弩！

刘秀才

号称“中华第一剑”的宝剑，是什么剑？

王秀才

越王勾践剑，千年不锈，削铁如泥。

刘秀才

唉，真是难不住王兄，打成了平手！

王秀才

不斗了，咱们还是赶快回家温书，多多学习吧！